台灣自然圖鑑 037

多肉植物圖鑑

SUCCULENTS ENCYCLOPEDIA

II

景天科

梁群健 / 徐嘉駿 / 洪通瑩——— 著

晨星出版

目次 CONTENTS

如何使用本書

學名
以拉丁文組成，常以二名法表示。由屬名及種名構成，再標註上
亞種（subspecies；ssp.）、變種（varietas；var.）、型（forma；f.）、
園藝種名（cultivarietas；cv.）或雜交種（hybrid；hyb.）等。

中文名稱
以台灣地區市面上
常用的中文名稱為
主。

別名
亞洲地區包含中國
及日本等地慣稱的
中文俗名。

物種基本資訊
包含學名典故、
生長棲地簡介等
訊息。

形態特徵
物種外部形態的
描述及細部生長
特徵說明。

Bryophyllum gastonis-bonnieri

掌上珠

落地生根屬

異　名	*Kalanchoe gastonis-bonnieri*
英文名	Donkey ears, Giant kalanchoe, Good luck plant
別　名	不死葉、雷鳥
繁　殖	播種或使用葉片末端產生的珠芽進行繁殖。

原產自非洲馬達加斯加島，常見生長在岩
礫地區。葉形與驢耳相似，得名 Donkey
ears。可能具有些微毒性，不常見有蟲害發
生。在台灣生性強健適應性佳，栽培繁殖容
易。常見本種列在伽藍菜屬下，但因葉緣缺
刻能產生珠芽，且具有花萼筒及花朵下垂開
放等特徵，因此將其列在落地生根屬中，並
標示出伽藍菜屬之異學名作為說明。

形態特徵

　　生長快速的多年生或二年生大型肉
質草本，株高可達 60 ～ 90 公分。全株被
有白色蠟質粉末。長披針形葉片呈銅綠
色，葉面有不規則栗色或淺褐色斑點及橫
帶狀斑紋。營養生長未達開花條件的株高
較矮，經 2 ～ 3 年栽培進入生殖生長時，
植株會抽高產生頂生的花序，花期常集中
在秋、冬季，花季長達 2 個月左右。花萼
筒淡紅色；背光處花萼色澤偏綠，珊瑚紅
或桃紅色的花下垂開放；為良好的蜜源植
物，可以吸引蜜蜂、蝴蝶取食，在原生地
還能提供鳥類吸食花蜜。

▲銅綠色的葉片散布褐色或栗色橫帶狀斑紋
或斑點，光照不足時，葉面上的白粉較少。

▲葉片末端會形成珠芽。

▲進入開花時，植株會抽高形成頂生花序，
花後結完種子死亡。

90

異名
不同分類系統或其他仍有爭議的品種學名，未能全球共同使用，因此同時並列出異學名以供參考，便於相關背景資料查詢。

繁殖
提供關於該品種最適合之繁殖資訊，增加讀者自行繁殖成功機率。

Bryophyllum marnieriana

白姬之舞

異　　名	*Kalanchoe marnieriana*
英 文 名	Marnier's kalanchoe
別　　名	馬尼爾長壽花
繁　　殖	扦插繁殖為主

中名沿用日本俗名而來，又稱馬尼爾長壽花，乃譯自英文俗名而來。因鐘形花及向下開放的特性將其列入落地生根屬，但常見歸納於伽藍菜屬中。本種原產自非洲馬達加斯加島。十分耐旱、生性強健，適應台灣氣候，可露天栽培。

▍形態特徵

　　為多年生肉質小灌木，莖幹木質化，生長外形與蝴蝶之舞錦相似，但葉全緣，不具波浪狀葉緣。株高約 30 ～ 45 公分。扁平狀的藍綠色葉片具短柄、對生。葉片常朝向一側生長，具有白色的蠟質粉末，葉緣紅色。花期冬、春季，花為玫瑰紅至橙紅色。花序開放在莖枝的頂梢。

落地生根屬

▲葉色為特殊的藍綠色或灰藍色；對生的葉片會朝向一側生長，具有紅色葉緣。

側欄
提供屬別說明，以便快速查詢物種。

▲花形與落地生根長相似，為玫瑰色或橙紅的鐘形花，末端具有 4 片裂瓣。

圖說
簡明該物種圖像特徵或栽培等相關資訊。

91

作者序

　　首先感謝各位讀者對於前一本《多肉植物圖鑑》的支持與鼓勵，並於 2015 年榮獲年度最佳少年兒童讀物獎的殊榮。在萬萬千千的多肉植物世界裡，僅用一本書介紹的科別種屬還是相當有限，為回饋出版社及各位讀者朋友的反應，於是有了《多肉植物圖鑑 II 景天科》的出版契機，本書將對於上一本《多肉植物圖鑑》中未能詳盡介紹的其他景天科屬別物種進行歸納，就台灣花市常見品種整理後完成 19 屬 420 餘種左右的品種介紹。

　　關於書中內容，這次也特邀了台灣中部專業生產景天科植物的多肉植物達人肉肉園藝的徐嘉駿先生，以及最大網購通路商 —— 蘭花草園藝的洪通塋先生共同編纂本書，期望藉由這兩位達人朋友分享他們在不同地區及環境條件的栽培經驗與心得，並提出不同的視野與觀點來充實本書內容，為多肉植物的同好們盡點心力，讓各位在一片有如汪洋的肉海裡，建立一點分類及鑑別的依據。

　　景天科植物在台灣常因中文俗名各自表述前提下，造成名稱上的混淆，一物多名的情形時有所見，再加上日文和名及對岸中國的譯名，這對於初學者來說，在栽培或選購多肉植物上時常造成不便。不僅如此，景天科植物除了種類繁多之外，還有不少的屬間雜交，形態上和親緣間相似，如未能有詳盡的引種訊息，常造成異名誤植現象。此外，景天科植物的環境變異極大，即便是同種，但在不同栽培環境下也常因為植株外觀，如株型、葉色等表現的些微差異，造成鑑別上的困難。而近來景天科熱潮，國內諸多業者爭相引進新種，一旦引種資訊不清時，也就造成現今景天科植物名

稱多元化現象。不僅如此，就連資訊較完整的 International Crassulaceae Network（暫譯爲國際景天科植物網）上也有資訊不詳及品種不確定的狀況；更遑論台灣關於景天科植物的相關資訊更是匱乏，且東、西方對於景天科植物的分類系統及看法也有分歧，只冀望未來有更健全或更科學的分類依據能再爲景天科植物好好的重新定義。

本書僅就台灣多肉植物栽培現況，以常用學名及中文俗名進行各科屬的介紹，期望在趣味栽培之餘能提供更詳盡的資訊，以利同好們在栽培及蒐集景天科多肉植物時能有個初步的認識。如同各位同好一樣，我也恰逢景天科多肉植物用於生活布置熱潮的當下，和大家一起學習成長，在記述書中的各科屬景天科植物過程中，彷彿重新檢視了一回後花園裡的各色珍藏，到後來會發現，其實栽植好景天科植物沒有別的技巧，只有選對合適的品種，在「適地適栽」大前提下，才能在台灣平地培養出一片美麗的多肉花園來。

最後，再次感謝出版社、主編裕苗及各位讀者、所有成就本書的好朋友們；感謝海外的好友王茵芸、吳淑均及陳雅婷小姐的協助，分享在生活周遭以及旅行途中所見；也謝謝國內的好友江碧霞、莊雅芳小姐分享了台灣山之巔、海之際的圖像紀錄；還有飛龍園藝的輝隆大哥、唐喬園藝的巫玉章兄，以及提供拍攝的美集庭園藝及趙紋凰小姐等人；謝謝協助仙女盃越夏及培養經驗說明的馬修先生和幫忙鑑定植物的黃世富先生；更謝謝家人們的支持，在筆者出版期間日以繼夜的同時，願意撥出時間陪伴我們。

景天科多肉植物多數喜好生長在冷涼的氣候環境，在台灣氣候條件，以冬、春季或春、夏季間適合生長，僅少數屬別及品種喜好於夏、秋季生長，如瓦松屬的昭和 *Orostachys japonica* 於夏季生長，到了冬季低溫時植株會轉爲休眠型態。景天科多肉植物各屬間栽培管理略有不同，但大原則應以透水性佳的介質爲宜，您可依栽培環境及給水狀態，自行調配適用的栽培介質。

▲昭和於冬季時轉爲似休眠芽的形態。

一、首重光線條件

光線條件是初學栽種多肉植物最難以感知的一個環境因子，但卻是栽種多肉植物最重視的一環。到底多少光照才足夠供應多肉植物生長呢？建議應放置在居家環境中，光照最充足的地方培養多肉植物。

光線的充足與否，以影子的鮮明程度來判定，影子越清楚鮮明，光線則越充足；影子越模糊則表示光照條件越不足。在生長季節栽培景天科多肉植物時，若能全天候露天栽培，可觀察到植物外觀飽滿，葉片色澤表現良好；若於室內或雨遮下方陽台等環境，光照程度則以是否能觀察到鮮明影子爲標準，光照長度至少要 4 ～ 6 小時。一旦移入室內光照不足，則會發生徒長現象，再加上過度澆水，植物會以徒長方式適應環境，造成外觀品質下降。因此室內栽培時，若光線不足可利用人工光源補足以利多肉植物生長，減緩徒長發生，維持飽滿的株型。

▲放置於室內層架上的景天科麒麟座商品，因光照不足發生徒長現象。（王茵芸／攝）

▲黑王子因光照不足而發生徒長。（王茵芸／攝）

▲桃太郎栽培在設施內，雖然沒有露養，仍需栽培在影子鮮明的充足光照條件下為宜。

▲可自圓貝草下鮮明的影子得知，設施內的栽培環境光線充足。

▲室內光線不足時，可使用人工光源來補足光照，以利多肉植物正常生長，減緩徒長發生，維持多肉植物飽滿的株型。

二、介質更新與水分管理

　　景天科多肉植物於夏季進入休眠或生長停滯時，纖毛狀的根系會大量死亡。在每年秋涼後進入生長期時根系會再生，此時若能配合介質的更新，有利於景天科多肉植物的維護管理，尤其是多年生的老欉更需注意，一旦根系養護得宜，則年年都能保持繁茂。

1. 麗娜蓮為適應台灣平地氣候的大型品種之一。秋涼後為介質更新的最佳時機。可先於盆面上輕敲，以利根團自盆中脫離。

2. 脫盆後觀察根系，若有粉介殼蟲，可於更新介質時移除大量害蟲，浸泡水性殺蟲劑根除害蟲。

3. 建議初學者應移除 1／2～2／3 的介質，保留根基處局部帶介質的根系。有經驗者可完全移除舊介質，浸泡殺菌劑後晾乾再定植。

4. 透過介質更新及移除老化根系再定植回原盆，植株可控制在一定大小範圍。若要植株更加茁壯，則可定植於大一號的盆器內。

5. 以三層介質的方式進行定植。底層 —— 排水網及大顆粒介質；中層 —— 以排水良好的介質為主；表層 —— 赤玉土及飾石層。

6. 配合介質更新，可局部剝除下位葉，減少植株水分的散失，還能進行葉插繁殖，備份麗娜蓮的品種。利用繁殖新生小苗以分散因栽培不當品種損失的風險。

對於多肉植物來說，只要依循「乾了再澆」的大原則進行水分管理即可。但對於進入生長期的多肉植物來說，在露天栽培環境下，大量的春雨及梅雨有助於生長。生長期間若能供給充足水分，在通風及光照充足條件下，多肉植物都能生長快速、表現良好。一但在生長不良的季節且光照不足等不利環境條件下，加上過多的水分則會加速病菌生長，且過於濕潤的介質透氣性也不佳，會限制或造成生長阻礙。

▲採水耕的女王花笠仍保有良好的生長外觀。（王茵芸／攝）

▲黑法師露天栽培，經春雨滋潤後，生長旺盛的外觀。

▲利用低水位及保麗龍箱 DIY 多肉植物的水耕設備，可觀察到大量健康的根系。（王茵芸／攝）

或許有人會問，多肉植物採水耕可行嗎？其實只要環境條件具備，水耕方式也無不可。在生長季且光線充足條件下，水耕的多肉植物也能保有良好的外觀與株型。然而水耕多肉植物時，水量以容器的 1／2 以下為宜，這樣才能讓大量根系裸露在空氣中，有益於根部呼吸及透氣性的維持。

三、越夏難、不難

台灣夏季高溫及悶熱環境並不利部分景天科多肉植物生長，當進入生長停滯或休眠現象時，應移至遮蔭處並節水管理，以協助越夏。透過品種選擇，挑選適應台灣平地氣候的種屬，那麼栽培上便容易許多。一般建

議入門的屬別為燈籠草屬、厚葉草屬、大型的擬石蓮屬及景天屬等多肉植物較易栽培。初學者先挑選花市較便宜、常見的品種入門，這些商業大量栽培的品種多半已由栽培業者馴化，能夠適應台灣氣候，因此越夏較為容易。

▲夏季高溫悶熱，是多數景天科多肉植物生長不良的季節，若管理不當，易發細菌性病害。

▲莎薇娜於夏季生長不良，因病害感染植株死亡的現況。

對於夏季高溫、悶熱環境敏感的品種，可利用微氣候營造的方式協助越夏，除了移置稍遮蔭及通風處，建議可於夜間增設風扇，營造出低夜溫的微環境協助越夏。亦有業者將頂芽切取下來後放置陰涼處，待秋涼後再將頂芽重新種植的方式越過夏天；或是將植株植入較小盆器，利用小盆器根系透氣性佳，不易保水的特點，配合微環境的營造也能協助越夏。此外，利用小苗越夏也是一種方式；部分品種可於入夏前先行大量繁殖，利用小苗對環境忍受度較高的特性，越過夏天。

四、常見病蟲害

景天科多肉植物的細菌性病害好發於夏季生長不良的季節，除了營造微環境以降低夜溫來協助順利越夏外，對於較不敏感的品種，可適時或定期噴布殺菌劑，以減少栽培環境的感染源，避免細菌性病害的發生。

蟲害對景天科多肉植物而言，以介殼蟲、粉介殼蟲及夜盜蛾較為常見，除了部分品種特性，如莎薇娜堆疊的葉序內易遭受粉介殼蟲入侵外，一般來說只有在通風不良、環境條件不佳發生徒長時，較容易招致蟲害的入侵。建議可定期於栽培環境噴布適量的居家用含有除蟲菊配方的水性殺蟲劑，以減少環境內的害蟲數量，或是放置樟腦丸，利用其特殊的氣味產生忌避效果，減少害蟲入侵機會。

▲介殼蟲附著於小圓刀的葉表上,造成觀賞品質下降,嚴重時植物會弱化而亡。

▲莎薇娜因為品種特性,堆疊的葉腋間易遭粉介殼蟲入侵。

▲卷絹生長不良,因植株較弱時也易招致粉介殼蟲入侵。

▲夜盜蛾好發於春、夏季,晝伏夜出又因成蟲體色與介質相仿,常躲藏在介質表面,不易發現。

▲夜盜蛾取食,造成葉序上直接的破壞。

▲夜盜蛾危害的狀況。

除了蟲害以外，蝸牛及鳥類也會取食多肉植物，露天栽培時可放置風車或閃光帶等以防範鳥類危害。蝸牛喜好多雨及潮濕季節，在蝸牛發生的季節除了使用蝸牛藥劑防治外，也可在周遭環境放置苦茶粕、咖啡渣等忌避物，以減少蝸牛入侵；若無法避免可使用啤酒誘殺，直接降低栽培環境中蝸牛的族群與數量，進而減少蝸牛危害的機會。

▲居家常見的白頭翁、鴿子等，以及季節性鶇科候鳥，如白腹鶇等，都會直接啄食葉片，造成意料之外的傷害。

▲非洲大蝸牛食量驚人，常因為取食造成多肉植物傷害。

五、繁殖要領

景天科多肉植物常見以扦插繁殖為主，除剪取頂芽、嫩莖扦插繁殖外，多數品種亦可使用葉插繁殖。不易扦插及葉插的品種，可使用胴切（去除頂芽方式），促進下位葉腋間的側芽大量發生，待側芽夠大後，再自母株上分株下來進行繁殖。透過有計畫的繁殖景天科多肉植物，能適時的更新栽培品種活力，還能以備份方式保存蒐集栽培的品種。

雖然老欉及多年生莖幹狀的姿態別有風情，但老化的莖幹及根系活力並不如頂芽扦插繁殖出來的新生小苗，且常因老化的莖幹水分、養分輸導狀況不佳，造成莖幹基部開始敗壞或遭致病菌感染而亡。

▲銀波錦遭蝸牛取食的傷害。蝸牛取食後應保持乾燥或噴布殺菌劑減少細菌性病害的發生。

▲女王花笠經夏季休眠後，利用胴切，以頂芽保留品種。下半部的枝條葉腋間會再生側芽，待側芽茁壯後形成樹狀的老欉姿態。

▲桃太郎胴切（頂芽去除）後再生的強健側芽，可切取下來進行扦插繁殖。因胴切而剝除的下位葉放置於土面上，基部也同時再生小芽。

▲落地生根是景天科多肉植物除了種子以外，另一種繁衍族群的策略之一。葉插要點在於剝取葉片時，須保留完整的葉基。

▲姬青渚葉片再生的情形，圖為頂芽扦插。

▶姬青渚胴切後，於莖頂處再生側芽的情形。

當栽培景天科多肉植物已具備長足經驗，也能讓蒐集的品種順利越夏後，在生長季節花朵開放時，可試著以人工授粉方式，收集種子進行播種繁殖的練習。若時機得宜或選取父母本合適時，也能透過雜交育種方式創造出新的栽培品種。

Step1
以銀明色花朵為例，可選擇前一天開的花做觀察。

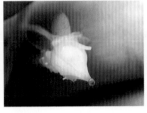

Step2
剝除花瓣，可見雌蕊柱頭，若為授粉時機，柱頭會產生透明黏液，再選當天開花的另種景天科植物的花粉沾在柱頭上，完成授粉。

Step3
若授粉成功，子房會開始膨大，直到果莢成熟開裂時，便能收集種子。

播種 Seeding

取得種子後可行播種方式大量繁殖，或是購入新鮮種子，以撒播方式大量繁殖小苗。通常景天科多肉植物鮮少使用播種繁殖，此方法多半為創造新品種時使用，再自大量的雜交後代小苗中選育出具新穎性的品種。

Step1
台灣平地試用醉美人做為雜交親本，練習人工授粉。

Step2
授粉後約 5～6 週，蒴果成熟後會開裂。內含大量細小種子。

Step3
選購的銀鱗草屬種子，播種後移植一次的情形。

莖插 Stem cutting

為縮短育苗期間，可採取莖插方式，建立大量的母本園後，剪取其枝條的頂端，以嫩莖或頂芽為插穗，並將插穗下方的葉片剝離數葉後露出短莖。剝離下來的葉片可另外集中放置，以利葉插繁殖的準備。

當頂芽枝條的傷口乾燥後，或靜置枝條待基部略微發根後，再植入盆中。此方法最大的好處是育苗期短，小苗的生長勢較為一致。市售常見的三寸盆多肉植物盆栽，大多以此方式商業繁殖而來。

▲加州夕陽常見的三寸盆產品，以頂芽扦插繁殖而來。

▲剪取枝條插穗時會產生大量的葉片，可再利用於葉插繁殖。

▲黃麗以三枝頂芽扦插生產的產品。

▲具懸垂性狀的玉綴，市售產品同樣以頂芽扦插繁殖而來。

葉插 Leaf cutting

　　景天科植物最奇妙的繁殖方式，多數屬別於生長季時，取下完整強壯的葉片（盡量保留葉基與莖幹著生處的組織），待基部傷口乾燥後，放置於乾淨的介質表面，即可於葉基部發根長芽。

▲桃之嬌葉片基部再生小芽的狀況。

▲將各類不同品種葉片平置於乾淨的介質上，等待小芽再生。

▲桃太郎進行葉插繁殖的狀況。

▲視不同品種，有些品種葉插的繁殖效率高，可再生 2～3 個新生側芽（圖為諾瑪）。

胴切（去除頂芽）

胴切り（どうきり）爲多肉植物的繁殖技巧，其說法及其繁殖技巧應源自日本。胴どう ── 指軀體或腹部，有腰斬或切腹的意思；在園藝學上可稱爲去除頂芽或摘心。莖節短縮不易增生側芽的品種，可利用刀片或磅數較高的魚線，以器械或線勒方式將頂芽（心部）切除，切除下來的頂芽能直接進行扦插繁殖。當植物頂芽自植物體離開後，移除了頂芽優勢，下半部莖節上的側芽則能再生，產生數量較多的側芽可供扦插繁殖。

▲白鬼經胴切後，下半部莖節產生大量側芽。

▲桃太郎經胴切後，於莖節切口的葉腋處再生大量側芽。

▲花月夜經胴切後，再生側芽的情形。

▲去除頂芽用於枝條型的月兔耳，稱爲摘心較爲合適。經由摘心，心部頂芽可供扦插繁殖外，也有助於樹型姿態的養成。

近年多肉植物十分流行，因為根、莖、葉各部分貯水組織特化的結果，成就了它們圓潤肥美又奇趣的外觀；厚實葉片的色彩及堆疊方式，有著形形色色的外觀與造型。不只是台灣地區，就連日、韓和歐美也有一群多肉植物的愛好者，瘋狂的戀上多肉植物。其中景天科多肉植物更是引領大家入門的科別，它們互生或近輪生的蓮座狀葉序常成為主要觀賞特色，也因如此，石蓮成為統稱它們最常用的俗名。

在歐美園藝市場，多肉植物與仙人掌等產品常透過噴漆或彩繪方式成為活生生的家飾品陳列販售，如同東方地區常見的各類年節應景園藝產品一樣，噴上金漆的雲龍柳、竹枝；又或是塗上紅漆的蘿蔔塑造出好彩頭的商品。雖然多肉植物彩繪及噴漆的裝飾方式在台灣並不常見，但歐美運用這類技法來提升多肉植物的裝飾性創意還真是有趣。

▲擬石蓮屬多肉植物透過彩繪方式強化裝飾性效果。（吳淑均／攝）

▲虎尾蘭亦常見以彩繪方式強化裝飾性效果。（吳淑均／攝）

▲於石筆虎尾蘭的葉末端塗布上色彩，藉由彩繪提高觀賞價值。（吳淑均／攝）

▲荷蘭花市的卷絹商品,也以組合盆栽的方式進行展示及銷售。(吳淑均 / 攝)

▲荷蘭花市組合盆栽商品,以具有質感的盆器及飾品來鋪成卷絹的質感。(吳淑均 / 攝)

在此,簡單歸納景天科多肉植物流行的原因:

1. 易種好養,生命力超強;葉形、葉色多變,株型大小、品種形態多樣化,能滿足多肉植物愛好者的品種蒐集嗜好。

2. 生長緩慢、管理維護容易,不需經常澆水。只要把握適地適栽原則,栽培在陽光充足環境下(要有鮮明影子的光照條件)都能生長良好。

3. 落地生根葉插繁殖超容易,能夠寄送葉片或易與朋友間交流,分享栽種多肉植物的樂趣。

4. 多肉植物透過花藝手法的鋪陳與安排,進行多肉植物組合盆栽時,作品能呈現花團錦簇、熱鬧幸福的氛圍。

5. 除盆植以外,景天科多肉植物耐旱,根系需要的介質量不多,能夠

用於進行各類花圈、花束的運用及創作,更能以附植、鑲植方式將其栽植在掛件上。景天科多肉植物是運用於壁面及屋頂綠化的最佳選項之一。

▲利用附植、鑲植的方式,創作出多肉組合盆栽掛件的趣味。

▲利用現成的 4×6 木製相框,以樹皮面貼為背景,佐流木一段,再以立面栽植方式,營造出多肉立體畫作。

組合盆栽多半是以帶根的活體植物為素材，觀賞壽命也較傳統的切花禮品或花束更為長久，因而成為普遍流行的原因。將單種或多種植物搭配一個或多個容器製作栽培出的作品，稱為組合盆栽。廣義來說，就是運用植物的造型，以花藝表現的方式創造出各類形式組合，藉由管理技術及植群配置，在花器內達到美與和諧氛圍。利用不同形態、顏色的植物，互補彼此間在空間美感上的不足，創造植栽新風貌，透過互相掩飾缺陷，增加組合盆栽後植群的美感。

其實組合盆栽在園藝產業極為盛行，最早由落地式的大型盆栽，如香龍血樹、馬拉巴栗，以及年節必備的蝴蝶蘭都是各種組合盆栽商品的呈現。透過植物本身的株高以及不同植物的組合變化，都能成就視覺上的宴饗，重要的是透過不同植物的鋪排，提高組合盆栽的產品價值，省去消費者再自行組裝的時間成本。

在進行組合盆栽的過程中，每個步驟就像進行某種儀式般慎重，舉凡選材、植物準備，選擇合適的盆缽造型，或是創作專屬的盆器等，每個過程都能轉移注意力，讓人暫時離開工作的壓力或是心煩事物，作品完成後滿滿的成就感，能讓人重拾自信進而產生紓壓和被療癒的感受。

▲鋁線結合流木握把，DIY 泥塑盆器，最終結合多肉植物的組合盆栽創作，看見成品完成，怎能不療癒呢！

這股多肉植物的美學力量與風潮，成為多肉植物產業的新契機，各類手作及組合盆栽課程幾乎場場爆滿，成為花藝教學的新寵兒。栽植多肉植物不再只是蒐集各類珍稀品種而已，更擴展到居家、校園及辦公室，成為生活花藝的運用。在各大花市走一遭便知展售的攤位變多，結合日系 Zakka 雜貨風的流行，現今的多肉植物已不再是小眾市場，更成為園藝市場的新潮流。相關周邊產品，包含手作陶器、花插、小飾物，連同水泥盆製品、回收鐵鋁罐再製盆器等，都各有所好地在各大文創市集裡出現。

▲利用知名電鍋的週年慶贈品,以附植方式栽種創作的「電鍋肉」組合盆栽很吸睛,也是 Zakka 雜貨風的表現。

▲結合玩偶小物,讓組盆主題鮮明。

單植

組合盆栽中最容易表現的風格便是單植。因多肉植物本身造型獨具,只要透過適當的配置,形塑出具有盆景或盆栽感為創作目標即可。

單植較講求盆器的搭配,選對合適的盆器可以提升多肉植物的價值感,讓多肉植物有如盆景般呈現。常見花市將各種多肉植物栽於豆盆缽中,營造出植物的老態,以迷你盆器烘托出多肉植物本身的個性美。單植時以莖幹型或叢生的老欉多肉植物最為適合,呈現出枝椏的蒼勁、根盤的糾結,以及群生的美感。

▲ 3 ～ 4 年生的銀星老欉,自然群生的美感適合單植,表現出植群自然的風貌。

附植／鑲植

通常透過結構物的支撐，進行立面的組合盆栽。最簡易的附植是使用天然礁岩或流木，在天然材質的孔洞或縫隙上，經由人為開鑿加大後將多肉植物植入其中，營造在枯木上逢生或礁岩上的一抹青綠；或是利用龜甲網的支撐，栽培出立體作品。

▲附植是各類立體綠化的運用方式，可延伸至立面，讓組合盆栽的風貌更多元。

▲利用結構物配合附植的技巧，讓多肉植物狀似著生於酒瓶立面上，創造栽種的趣味。

▲利用鳥籠造型的鋁線，於頂部形塑可進行附植的小型空間，再以多肉植物枝條插作方式，創造出三度空間的栽植趣味。

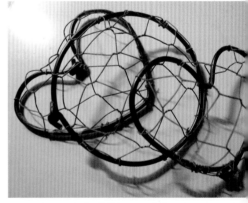

▲可以使用鋁線及細鐵絲，視需求編織出自己喜歡的造型，接著固定於木板上，塞入適量水苔後便能開始進行附植。

半景式組合盆栽

　　利用部分的空間留白，或放置裝飾小物讓作品產生焦點，除多肉植物組合的鋪陳外，營造虛實的空間產生強烈對比感，還能柔化裝飾物予人的匠氣感。

1. 盆鋪底：
放上一片防水網後，置入大顆粒介質層，以利排水及盆底換氣。

2. 填入疏水性介質：
約至 7 ～ 8 滿。不必刻意壓實，只需輕輕的震實介質。

3. 分區：
利用礁石（1 ～ 2 塊），將盆面區隔出前景與後景區。

4. 前景飾石：
於前景區放上一層飾砂，將土面覆蓋住即可。

5. 安置主題物：
以市售的紓壓小物為主角，主題焦點物也能以流木貝殼或其他小孩不玩的小公仔替代（其實只是留白也很好看）。

6. 先定植有根的植物：
植物先脫盆，局部清除多餘盆土後，植入預定安排的位置上。

7. 定植後景區主角植物：
配植上後景區植物。依喜好布置出有大有小的植群區塊。

8. 覆上赤玉土：
定植後平均覆蓋一層赤玉土，以利植入多肉植物枝條。

9. 植入配角植物：
剪下配色用的枝條，至少陰乾 30 分鐘後再栽植為宜。

玩組合盆栽時，要營造出大小群落，適當的懸垂植物可以讓作品產生動態美。在植物的選擇上除了顏色鮮豔外，還要物以類聚為考量，以生長習性相似者為首選，若為了美感而選擇習性不太相近的植物，可考慮先將生長習性相左的植栽植入小盆，再連同盆器一併植入組合盆栽中，有利於未來的分區管理。

而為了讓盆栽作品呈現豐富色彩，在植栽選擇時至少要有黃、綠、紅三色變化，色彩的對比可讓作品在視覺呈現上更為豐富。植物的配置也有大與小、多與少的對比，以讓焦點的主角更鮮明，可適時利用小型的景天屬植物，如黃金萬年草，除了增加色彩的明度與亮度外，還兼具襯草功能，讓焦點植物更為突出；局部可安置具懸垂特性的多肉植物以柔化作品，增加律動感。

▲乙女心是常用綠色系植物素材

▲紅司是紅色系植物素材。

作品完成後，與多肉植物植栽一樣，需要放置在光線充足環境下才能維持較好的觀賞品質，或是短暫移入室內欣賞數日，若移置到光線不良環境時，可利用補光及節水以延長組合盆栽的觀賞壽命。通常組合盆栽若栽培得宜，至少可維持半年以上的觀賞時間。隨著植物生長，需適量修剪或補植，以維持植群美感。

▲黃麗是常用黃色系植物素材。

景天科多肉植物廣泛分布於全世界，約有 30～35 屬，含栽培品種超過 1500 種以上，近年更有愛好者進行各類屬間或種間雜交育種，讓這一科的植物品種及形色更加多樣化。雖然景天科多肉植物泛世界性分布，但多數集中在北半球，生長棲地環境多樣化，由濕地至乾旱的沙漠；低海拔至高海拔環境都可見到它們的身影；其中有一種分布在紐西蘭 Swamp stonecrop（*Crassula helmsii*），在旱季時植物葉片肥厚，莖節短縮，但隨著雨季來臨，當原本生長環境沒入水中或變成淺水塘時，這種多肉植物還能適應氣候改變，將原本旱生的型態轉變成沉水植物以因應環境的邊變。

觀賞的型態以葉多肉植物為主，少部分品種為莖多肉類型。以其特殊的葉形、葉序及多變的葉色為觀賞重點。台灣亦有原生的景天科植物，如鵝鑾鼻燈籠草 *Kalanchoe garambiensis*、石板菜 *Sedum formosa* 及玉山佛甲草 *Sedum morrisonense* 等等。

▲石板菜花期於春、夏季，金黃色的花一大片盛開，形成名符其實的黃金海岸。（江碧霞 / 攝）

▲台灣原生景天科火焰草 *Sedum stellariaefoloium* 小苗,生長於潮濕的水泥坡壁。攝於花蓮慕古慕魚。

▲原生於台灣東北角海岸的石板菜 *Sedum formosa* 族群。(江碧霞/攝)

穗花八寶 *Hylotelephium subcapitatum*
台灣景天科原生的特有種植物,又名頭狀佛甲草、穗花佛甲草。分布在台灣海拔 3000公尺高山。(莊雅芳/攝)

玉山佛甲草 *Sedum morrisonense*
同樣分布在台灣高海拔山區,全株植物光滑無毛,綠色、肉質披針狀的單葉互生。於夏季盛開,常見生長在向陽的岩屑地環境。(莊雅芳/攝)

外形特徵:

　　一年生至多年生草本植物。葉肉質,呈蓮座或十字對生。為織房花序或圓錐花序;花為整齊花,呈輻射對稱。花瓣 3～30 片都有,常見 4～6 片,以 5 片最為常見。果實為蓇葖果,種子細小如灰塵。但以雄蕊數目做為分類依據,依 Henk't Hart 分類法,景天科又再細分成青鎖龍亞科 Crassuloideae 及佛甲草亞科 Sedoideae 二個亞科。

青鎖龍亞科
雄蕊數目與花瓣數一樣。以青鎖龍屬 *Crassula* 的波尼亞 *Crassula browniana* 為例，5 片花瓣、5 個雄蕊且葉片對生。

佛甲草亞科
雄蕊數目是花瓣數的 2 倍（部分例外）。大多數景天科均為本亞科中的屬別。其中以景天屬克勞森 *Sedum* 'Alice Evans' 為例，5 片花瓣，10 個雄蕊；雄蕊數目為花瓣的 2 倍。

　　佛甲草亞科因葉片生長方式及花瓣是否分離又區分為伽藍菜族 Kalanchoeae 及景天族 Sedeaeae 兩個亞族。

1. 伽藍菜族：葉互生或對生，葉片大多平坦，具鋸齒葉緣。花瓣基部相黏合生成筒狀花。花瓣數 4～5 片。

葉互生的屬別：天錦章屬 *Adromischus* 等。

葉對生的屬別：落地生根屬 *Bryophyllum*（有些分類則併入 *Kalanchoe*）、銀波錦屬 *Cotyledon*、伽藍菜屬 *Kalanchoe*。

天錦章屬
天錦章 *Adromischus cooperi*，為葉片互生的屬別，本屬的葉片多半十分肥厚；本種葉緣末端呈波浪狀。

燈籠草屬

匙葉燈籠草 *Kalanchoe spathulata*，花萼 4 片未合生成花萼筒；花瓣 4 片，基部合生，花朵向上開放；為燈籠草屬的特徵。

伽藍菜屬

江戶紫 *Kalanchoe marmorata*，歸類在葉片對生的屬別。

落地生根屬

蝴蝶之舞錦 *Bryophyllum crenatum* 'Variegata'，花萼 4 片合生成花萼筒，並包覆於花朵下方；花瓣 4 片合生成筒狀向下開放。此為落地生根屬的特徵。

2. 景天族：葉片厚實，多為互生或輪生呈蓮座狀排列；葉全緣。花瓣數 5 ～ 32 片，花瓣基部分離。

葉互生的屬別：如瓦松屬 *Orostachys* 等。

葉序呈蓮座狀排列的屬別：

(1) 花瓣數 5，如景天屬 *Sedum* 等。

(2) 花瓣數多於 5 片，花序頂生。原生自歐洲、西亞、非洲西北部、

高加索地區的屬別：如銀鱗草屬 *Aeonium*、摩南屬 *Monanthes* 及卷絹屬 *Sempervivum* 等。

(3) 葉片具白粉，原生自北美的屬別：粉葉草屬 *Dudleya* 等。

(4) 原自美洲的屬別：擬石蓮屬 *Echeveria*、朧月屬 *Graptopetalum* 及厚葉草屬 *Pachyphytum*。

摩南屬

以摩南景天 *Monanthes brachycaulos* 為例。株型矮小，葉片常見密生呈蓮座狀排列，花瓣數多於 5。花瓣數多於 5 的品種多數產自緯度較高及高海拔地區，在台灣平地栽培相對較為不易。

銀鱗草屬

以夕映 *Aeonium decorum* 為例。葉片頂生，莖部木質化，略呈矮成熟株自莖頂抽出圓錐狀花序，花白色，花瓣數多於 5。本屬植物花後會全株枯萎死亡。

擬石蓮屬

以羅拉 *Echeveria* 'Lola' 為例。本屬葉片輪生呈蓮座狀排列。穗狀花序側向一方開放，花穗自葉腋中抽出，鐘形花冠，花橘紅色，花瓣與花萼數目相等。子房上位花。蓇葖果。

朧月屬

以朧月 *Graptopetalum paraguayense* 為例。本屬的花為星形花，花常見白色或黃色；花瓣與花萼數目相等。花瓣常具褐色斑紋（部分品種無）。本屬雄蕊略向後彎曲。

延伸閱讀：

http://www.crassulaceae.ch/de/home
http://www.desert-tropicals.com/Plants/Crassulaceae/
http://www.fuhsiang.com/fengxi/front/bin/ptlist.phtml?Category=45
http://www.succulent-plant.com/families/crassulaceae.html
http://www.tbg.org.tw/tbgweb/cgi-bin/forums.cgi?forum=89
http://www.plantoftheweek.org/crassula.shtml
http://www.cactus-art.biz/schede/ADROMISCHUS/photo_gallery_adromischus.htm
http://www.cactus-art.biz/gallery/Photo_gallery_abc_cactus.htm
http://crassulaceae.net/graptopetalummenu/59-speciesgraptopetalum/150-genus-graptopetalum-uk
http://davesgarden.com/guides/articles/view/1441/
http://www.crassula.info/CareEN.html
http://www.zimbabweflora.co.zw/speciesdata/species.php?species_id=125190
http://www.plantzafrica.com/plantcd/crassulaexilis.htm
http://zh.wikipedia.org/wiki/%E6%99%AF%E5%A4%A9%E7%A7%91
http://ayeah3713883.pixnet.net/blog

http://www.fuhsiang.com/fengxi/front/bin/home.phtml

天錦章屬

Adromischus

　　來自非洲的景天科植物，本屬約有 28 種，分布於南非、納米比亞等地。屬名 *Adromischus* 字根源自希臘文，由 hadros（thick 肥厚）與 mischos（stalk 莖或梗之意）二字組成，可能用來形容本屬下的多肉植物，具有粗大的短直立莖特徵。

　　中國俗名常見以水泡來統稱本屬下的植物，形容其特殊的厚實短胖肉質葉。

　　天錦章屬的多肉植物葉形、葉色極有特色，日照充足時，其特殊的葉形、葉色會有更佳表現。

　　為多年生草本植物，植株矮小，通常在 20 公分以下，具有短直立莖，葉片肉質肥厚，葉表面具有斑點或被有稠密的毛狀附屬物；葉緣常見為波浪狀。少數品種莖基部會肥大，成株後會呈現根莖型的多肉植物。

　　天錦章屬的花朵在景天科中花形較小，花冠以粉紅色或紅色為主，具綠色或白色花筒；粉紅色的花冠上會分泌類似花蜜的物質，但易引發真菌感染，其中以灰黴病感染最為常見。

　　天錦章屬以奇特的葉片姿態著名，並不以賞花為主，花形、花色不佳，建議栽種時，若發現花梗應予以切除，以防止真菌感染，還能節省因為開花時養分的耗損。

花葉扁天章
葉片具有紅色斑點。

天章
花開放在莖頂梢，5 片花瓣合生成筒狀，向上開放，花白色。

天錦章
開花時，自莖頂處抽出長花梗。

▶ 小花以總狀花序排列在花梗頂端。

天錦章
新葉呈紅色，肉質葉片有深色斑點。

天章
葉緣具特殊的波浪狀。

銀之卵
灰綠色長卵形近棒狀的葉片及內凹的特徵很鮮明。

栽培管理

冬型種。喜好乾燥及通風的環境，栽培時應使用排水性良好的介質，可混入大顆粒的礦物性介質，以利根部排水及透氣。本屬植物多不耐寒冷，在台灣平地栽培，不必擔心氣溫過低問題。

夏季高溫期間，應移至陰涼及通風處，節水以利越夏。雖耐陰，但更喜好光線充足的環境，光線條件合宜時，株形良好，短直立莖會略呈樹形，姿態優美；光線不足時雖能生長，但株形常見徒長而變形。

原生地氣候十分乾燥，僅於春季及秋季能接受到部分的雨水，因此栽培時，應於冬、春季生長期間充足給水，但一般給水建議為應待介質表面乾燥後再澆水的管理為佳，讓介質保有乾濕交替的狀態，有利於植株的生長。

病蟲害不多，以粉介殼蟲為主。栽種天錦章屬的多肉植物，應多繁殖一株作為備份，避免因天錦章屬的多肉植物在成株後，易自莖基部或乾掉的花梗處腐爛而導致全株死亡，造成斷種的遺憾。

繁殖方式

以葉插或取莖頂端扦插等方式為主。繁殖適期以冬、春季為佳。剪下帶有莖頂的枝條或葉片，至少應放置半天或 1～2 天後，待傷口乾燥再進行扦插為宜。

Adromischus cooperi
天錦章

異　　名	*Adromischus festivus /*
	Adromischus inamoenus
英 文 名	Plover eggs plant
繁　　殖	扦插、葉插

中名沿用日名而來。另有外觀十分相似的錦鈴殿，兩者在台灣市場上被認為是兩種不同的植物，前者葉色較綠、葉斑表現較黯淡；後者葉斑及葉色表現較佳。極可能是同種植物在不同環境造成生長型的差異。原產自南非開普敦東部高海拔地區，但英名以 Plover eggs plant 直譯為像是鴴科的水鳥蛋植物，形容本種植物葉片與水鳥蛋的斑紋相近而得名。

▲冬、春季生長期間，於莖頂會增生紅色新葉，管狀的肉質葉片具波浪狀葉緣。

▌形態特徵

　　小型種，生長緩慢。株高約 7 公分，葉片管狀或桶狀，葉色為灰綠或帶點藍綠的色調。葉長約 2 ～ 5 公分，葉片有暗色斑紋。花期冬、春季，開花時，花穗長約 20 ～ 25 公分，花粉紅色。若澆水過多或氣溫過低時，會大量落葉。

▲管狀或略呈桶狀的葉肉質。葉片上的斑紋分布與鴴科的水鳥蛋上斑紋十分相似。

Adromischus cooperi var. *festivus*
海豹天章

異　　名	*Adromischus festivus*
英 文 名	Club-adromischus
別　　名	海豹紋水泡、海豹水泡（中國）
繁　　殖	扦插、葉插

台灣花市俗名以海豹天章形容本種，厚實的葉形及葉斑與海豹相似得名。原產南非開普敦的東部山區。學名上認為是 *Adromischus cooperi* var. *festivus*，部分則將其歸納提升為 *Adromischus festivus* 的新種（常見與天錦章或錦鈴殿使用 *Adromischus festivus* 表示）。

▲海豹天章有短葉柄，較天錦章及錦鈴殿的葉柄不明顯。

▌形態特徵

與天錦章和錦鈴殿外觀相似，短莖灰褐色，生長皆十分緩慢。具有桶狀葉片，葉色以灰綠為主，葉表覆有白色粉末。葉面上有暗色不規則斑紋。與天錦章最大的差異在豹紋天章葉片基部細長，狀似葉柄。

▲葉面覆有白色粉末。

41

Adromischus cristatus
天章

英 文 名	Crinkle leaf plant
別　　名	永樂
繁　　殖	扦插、葉插

中名係沿用日名而來。原產南非開普敦西部地區。英名 Crinkle leaf 形容其特殊的波浪狀葉形。

形態特徵

為多年生草本植物，斧形葉，肉質。葉緣圓潤具波浪狀。葉片上具有淺褐色斑紋。短直立莖，莖幹上著生大量的褐色毛狀氣生根。

▲光線不足時，株形較高，葉序排列鬆散，可見莖幹上大量褐色的毛狀氣根。

◀光線充足時，株形粗壯，葉片充實且排列緊密。波浪狀的葉緣極有特色。

Adromischus cristatus var. *schonlandii*
棒槌天章

棒槌天章與神想曲常共用 *Adromischus cristatus* var. *schonlandii* 學名。但棒槌天章株形更小，葉片厚實，狀似肥滿厚實的愛心，全株略有光澤感。台灣花市另有俗名，稱為愛心天章。

▶ 為短葉的變種。

Adromischus cristatus var. *schonlandii*
神想曲

| 異　名 | *Adromichus pollenitzianus* |

常見與棒槌天章共用 *Adromischus cristatus* var. *schonlandii* 學名，另有異學名以 *Adromichus pollenitaianus* 表示。同為天章的變種，外形與天章類似，但葉片較天章長，葉深綠色。葉緣並無明顯波浪狀；葉片上著生纖細的腺毛。莖幹與天章一樣具有大量褐色密生的毛狀氣根。

▲葉面上有明顯的毛狀附屬物。

Adromischus cristatus var. *zeyheri*
世喜天章

| 異　　名 | *Adromiscus zeyheri* |

為天章的變種，外形與天章類似，但葉色淺綠或草綠色。葉末端具有波浪狀葉緣，但皺褶及波浪較不明顯。葉片光滑無毛。莖幹及葉腋處會著生少量毛狀氣根，不似天章或神想曲那樣密生褐色毛狀氣根。

▶ 葉面較光滑有光澤，毛狀附屬物較少且不明顯。

▶ 世喜天章葉末端的波浪狀葉緣較不明顯。葉色較天章淡雅，為葉色淺綠的變種。

44

Adromischus cristatus var. *clavifolius*
鼓槌天章

英文名	Indian clubs
別名	水泡、鼓槌水泡（中國）

為天章的變種。英名 Indian clubs，沿用自栽培種名而來，部分學名會標註 *Adromischus cristatus* var. *clavifolius* 'Indian Clubs'。

形態特徵

　　為多年生肉質草本至小灌木，株形小但開花時株高可達 30 ～ 40 公分。莖幹和其他天章一樣，具有棕色的毛狀氣根。本變種的特徵在其特殊的葉形，呈球形或長球形的肉質葉，具長柄互生，葉末端呈稜形具角質，葉綠色有光澤。光線充足及日夜溫差大的季節，葉末端紅褐色斑紋明顯；光線較不充足時，葉色較綠而斑紋不明顯。花期春、夏季，花淡粉紅色，花筒深處為深紅色。花小不明顯，開放在莖頂上。

▲球狀及長球狀的肉質葉，具長柄。葉互生但狀似輪生。光線充足時，葉柄短且葉片末端紅褐色斑紋較明顯。

▲老株後莖節上會出現褐色氣根。

45

Adromischus filicaulis
絲葉天章

異　　名	*Adromischus filicaulis* ssp. *Filicaulis*
別　　名	長葉天章 （中國）
繁　　殖	扦插、葉插

原產自南非。

形態特徵

　　多年生的肉質草本至小灌木。株高約5 公分，開花時可達 20 公分。葉片呈棒狀或長梭狀，葉末端尖。葉片長 3 ～ 5 公分，無柄、互生。葉片上具有紅褐色斑點及白色粉末。光線充足時葉片斑紋明顯，光線不足時葉色翠綠。花期冬、春季，花小不明顯，但花梗長，開放在莖頂。

▲長梭狀或棒狀葉片較瘦長，葉片具紅褐色小斑點。

▶葉片不具光澤感。

Adromischus filicaulis sp.
赤水玉

赤水玉為台灣通用俗名，可能沿用日本俗名而來。與絲葉天章共用同一個學名，因引入來源已無法考據，極可能是由絲葉天章中選拔出來的栽培品種，外形與絲葉天章十分相似。葉斑以不規則的塊狀分布為主，具光澤感。絲葉天章葉片上多為斑點，葉形較瘦長些，不具光澤。

▲棒狀葉片較渾圓，具光澤感。

◀赤水玉葉斑多以褐紅色的不規則狀斑塊為主。

Adromischus hemisphaericus
松蟲

| 繁　　殖 | 扦插為主，葉插再生速度極慢。 |

原產自南非西部開普敦及納米比亞等地。

▌形態特徵

　　爲多年生肉質草本植物，老株略具有直立莖呈現小灌木狀，株高約3～5公分。匙狀、橄欖綠的肉質葉，葉末端具尾尖，葉片有光澤感。葉面有暗綠色斑點，呈不規則狀分布。葉互生在短縮莖上。

▲葉面上分布有不規則狀的暗綠色斑點。

Adromischus hemisphaericus 'Variegata'
松蟲錦

常見以黃覆輪或邊斑的方式出現，因斑葉的特性，造成生長更趨緩慢。

▲松蟲錦錦葉片特寫。

▲松蟲錦多了斑葉的變化，雖生長緩慢但觀賞性更佳。

Adromischus marianae var. *alveolatus*
銀之卵

異　名	*Adromischus marianae* 'Alveolatus'／
	Adromischus alveolatus
繁　殖	扦插、葉插

中名沿用日文俗名銀の卵而來；中國統稱
Adromischus marianae 這類群的植物為瑪麗
安，以其種名音譯而來。原生自南非，常見
生長在岩屑地或生長於岩壁的隙縫間。銀
之卵被認為是 *Adromischus marianae* 中的變
種，或將變種名直接以栽培種名表示。

▲ 葉面粗糙，有皺縮般的紋理。

▌ 形態特徵

　　株形矮小，爲多年生的肉質小灌木，
成株時株高約 10 ～ 15 公分，葉形奇特，
爲卵圓形葉、互生。葉片兩側向中肋處
內凹，葉呈銀灰色或灰綠色。
花期冬、春季，花小不明
顯，僅 1.2 公分左右，
開放在莖頂梢。

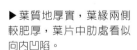

▶ 葉質地厚實，葉緣兩側
較肥厚，葉片中肋處看似
向內凹陷。

Adromischus marianae var. *herrei*
朱唇石

異 名	*Adromischus herrei*
別 名	太平樂、翠綠石、水泡 （中國）

台灣為沿用日本俗名，稱為朱唇石或太平
樂。原生自南非，常見生長在岩屑地或生長
於岩壁的隙縫間。在異學名上來看，部分分
類上認為朱唇石為 *Adromischus marianae* 下
的變種（variety；var.）或一個形態（forma；
f.），後又從中獨立成為一個新種。

▌形態特徵

　　生長緩慢，根部具有塊根狀的粗根。
莖為短直立型，基部肥大。葉為橄欖球
狀，葉表具有皺褶及疣狀突起。綠色型
的品種，葉形狀似苦瓜；紅色型的品種，
則狀似乾燥的葡萄乾或紅色的荔枝。葉片
兩側略向內凹。葉色表現變化受季節及光
線條件影響，在光照充足時，新芽會呈現
紅褐色或略呈紫紅色。綠色的葉片成熟
後，葉表蠟質變厚，使葉色略呈銀
灰色的質感。

▲朱唇石的葉片，就像是一
條條綠色的苦瓜所組成。

▶除其他不同葉色等品系的
原因外，不同栽培環境，株
形及葉色也會產生變化。

Adromischus marianae var. *herrei* 'Coffee Bean'
咖啡豆

| 異　名 | *Adromischus marianae* 'Antidorcatum' |

本種應是經由園藝選拔後的栽培變種。
與朱唇石和銀之卵等，均為 *Adromischus marianae* 下的變種或栽培種。

▌形態特徵

多年生肉質草本植物，為小型種，生長緩慢。外形與銀之卵相似，但株形小，葉具短柄、互生。葉片中肋處內凹或肥葉緣兩側向內凹。葉色為紅褐色至灰綠色。弱光下葉色則偏淺綠；日照充足時，葉片上的紅色較深，暗紅色斑紋也較明顯。花

▲葉色偏紅褐色，葉片卵圓形，狀似咖啡豆。

期在春、夏季之間。花小型、花萼綠，5 片花瓣合生成筒狀，先端 5 裂，呈總狀花序開放在莖的頂梢。

Adromischus roanianus
金天章

中名沿用台灣通用俗名，為近年引入之品種。產自南非開普敦西部及北部地區。株高可達 20 公分左右。特殊的銀灰色或灰綠色的卵形葉，具光澤；對生於莖節上。葉有紫紅色或紫黑色斑點，灑布於葉面上。易自基部增生側芽，形成小樹的姿態。

▶葉片帶有細小紫色斑點，綠色葉帶有銀色金屬光澤。

Adromischus rupicola
御所錦

異　　名	*Adromischus maculatus*
英 文 名	Calico hearts plant, Chocolate-drop
繁　　殖	扦插、葉插

原生自南非。廣泛分布在僅有夏季降雨的內陸岩石之山脊處。英文俗名均以 Calico hearts plant（印花布的心形植物）通稱，另有英文名 Chocolate-drop 形容其特殊葉斑。

▲葉緣角質化，讓葉緣滾上銀邊的錯覺。扁平狀互生圓形葉片，也像由一對對黑巧克力脆片組成的植物。

▌形態特徵

　　株高可達 10 公分，老株莖基部肥大；具有肥大的塊根。為相對生長緩慢的植物。葉扁平狀、圓形或卵圓形，葉片上具有巧克力色斑紋。葉緣角質化，看似葉緣由銀色的線所包覆。

Adoromischus rupicola 'Murasakigosyo'
紫御所錦

異　　名	*Adoromischus maculatus* 'Murasakigosyo'

紫御所錦是人為選拔之綠葉系栽培品種。葉面上斑點消失或不明顯。

▲葉末端及葉緣仍帶有紫紅的葉色。

Adromischus schuldtianus
草莓蛋糕

異　　名	*Adromischus maculatus* 'Mosselbai'
英 文 名	Jeffs bulbesetpots
別　　名	赤兔水泡（中國）
繁　　殖	扦插、葉插

流通使用的中名，沿用自中國俗名。原產自
納米比亞及南非等地區，原生地常見生長在
岩屑地或花崗岩石縫隙中。學名以台灣常
用的標註，其他通用的異學名 *Adromischus
maculatus* 'Mosselbai' 認為是所有錦中選拔
出來稱做 'Moselbai' 的栽培種。

▲具暗紅色的葉緣。

▌形態特徵

　　植株矮小的多年生肉質草本，成株高
度不及 15 公分。卵形葉片有尾尖，具暗
紅色葉緣；厚實的葉片上布有不規則暗紅
色或巧克力色的斑點及斑塊，與御所錦的
葉色相似但葉形不同。栽培環境得宜時，
株形會更矮小，且葉面的暗紅色葉緣及斑
塊表現會更加鮮明。

▶厚實的葉片上具不
規則暗紅色或巧克力
色的斑塊表現。

Adromischus trigynus
花葉扁天章

英 文 名	Calico hearts plant
繁　　殖	扦插、葉插

花葉扁天章及扁葉紅天章均沿用中國俗名而
來，但部分資料中兩者並無差異，均歸納在
紅葉扁天章學名之下。嚴格區別時，花葉扁
天章為葉形較狹長的變種。原產自南非開普
敦東北部地區。英名 Calico heart 直譯為印
花布心之意，用來形容其具酒紅色斑點的互
生葉片，狀似心形而得名。

形態特徵

　　為小型種，株高約 3.5 公分；具有塊
根以支持短直立莖。葉灰綠色或灰白色，
葉片上具酒紅色斑點；具有角質狀的葉
緣。

花葉扁天章 *Adromischus trigynus* var.
葉形較為狹長，與扁葉紅天章一樣外觀像似
花布組成的植物。

扁葉紅天章 *Adromischus trigynus* var.
近年也常見於台灣市場，為葉幅較寬的品
種。葉面上具酒紅色斑點。

銀鱗草屬

Aeonium

　　約 35 種左右。中文屬名沿用國立自然科學博物館譯名，又稱豔姿屬、蓮花掌屬；台灣常暱稱為法師屬。分布於西班牙的加拿列群島、摩洛哥及葡萄牙等地；部分品種分布於東非。屬名 *Aeoinum* 源自古希臘字 aionos，即英文字意 ageless，譯為永恆、不老之意。英文俗名統稱本屬下的多肉植物為 Saucer Plant，因其頂部叢生的葉片狀似碟狀或碗狀而得名。

本屬多半為灌木狀的多肉植物，肉質莖幹粗壯，表面有明顯葉痕。部分品種木質化的莖幹上易生不定根。葉片質地較薄，以螺旋狀排列並互生於莖幹頂端。光線充足時，葉片會向心部彎曲，葉叢呈碗狀。葉匙形、光滑，葉緣具有粗毛。株形與葉色特殊，為常見又受歡迎的景天科多肉植物之一。

花期在冬、春季，於莖頂開放出大型的圓錐花序，花瓣為 5 或 5 的倍數，花白色或黃色。花後死亡；在凋零前會產生大量種子，種子細小、色黑。銀鱗草屬與其他景天科植物最大不同的地方在於其葉片質地較薄，不似其他景天科植物葉片肥厚。具有明顯的主幹，外觀常以樹型生長。葉片或葉叢多頂生在枝條頂端。

▲夕映的花序開放在莖端，花乳白色，呈圓錐花序。

▲種子細小，播種以灑播為宜，並需進行3～5 次移植，以利小苗養成。

▲夕映成株時，呈現樹型的姿態。

▲夕映錦剪取帶有葉序的嫩莖扦插即可。本屬葉插不易成功。

▲夏季開始進入休眠期，小人之祭下位葉會開始脫落。

▲黑法師入夏後以落葉的方式調節水分。

▲褐法師夏季休眠時植株的外觀。

栽培管理

多型種。栽培時對土壤及介質的適應性高，但以排水良好的介質爲要。多爲夏季休眠型品種，於休眠時會大量落葉，越夏時需注意應移至半蔭處並限水，以保持枝條飽滿，防止萎縮及乾枯。建議於生長季養育出大量的葉片，夏季便能以落葉方式調節水分。進入不良的季節後還能保有枝梢頂芽，較枝梢全數乾枯者更能保持旺盛的生機。待秋季氣溫轉涼後，開始給水。枝梢頂端會再萌發新葉，開始新一季的生長。生長期間，適量給水，待介質乾燥後再澆水爲宜。

全日照至半日照均可栽植，視品種不同，依葉色可簡易區分爲：葉紫黑色的品種應給予全日照；綠葉系的則應栽植在半日照或略遮蔭處。

繁殖方式

播種及扦插。以剪取頂芽扦插或取分枝的側芽扦插。

Aeonium arboreum
綠法師

異　　名	*Aeonium holochrysum*
別　　名	聖西門
繁　　殖	扦插

又名聖西門，譯自日文栽培品種而來。綠法師係沿用《希莉安の東京多肉植物日記》對本種植物的暱稱，同樣歸納在 *Aeonium arboreum* 學名之下，極可能是黑法師的原種。外形與黑法師相似，僅幾對下位葉，葉中肋末端處會出現褐斑。

▲綠法師葉片質地較薄，就像綠色的黑法師。

▌形態特徵

　　為多年生肉質草本植物，老株可栽培成小樹狀。全株為淡綠色的匙形葉，互生，螺旋排列於莖梢頂部。全日照環境下，葉色翠綠，僅數對外圍葉片（下位葉）末端近中肋處具有條帶狀褐斑。與褐法師的葉斑相似，但本種葉片質地較薄。花期夏季，花色鮮黃，大型的圓錐花序自莖頂端開放，台灣並不易觀察到開花。

▲綠法師的總狀花序開放在枝梢頂部。

▲綠法師於夏季開花，在台灣並不常見，花瓣數 9。

Aeonium arboreum var. *atropurpureum*
黑法師

異　　名	*Aeonium arboreum* 'Atropurpureum'
繁　　殖	於冬、春季為適期。剪取頂芽或側枝進行扦插繁殖。

應源自園藝選拔品種。可能為 *Aeonium arboreum* 經長期園藝栽培後產生的變種，也有可能是近似種 *A. anriqueorum* 變異後產生。栽植時需注意於生長期間養壯植株，讓葉片數增多，有助於黑法師越夏。夏季時應以節水移至避光處或夜溫較為涼爽處。台灣中、高海拔環境越夏較容易些，若無海拔高差營造出的日夜溫差，可於夜間加開風扇，並噴點水霧，營造較低的夜溫協助越夏。

▲黑法師的葉色在景天科多肉植物中十分搶眼。

▍形態特徵

莖幹直立，分枝性良好，栽培會漸成樹型。紫黑色或淡綠色的匙形葉互生，螺旋排列於莖頂。葉似蓮座狀叢生在枝梢頂端。生長期間葉色較偏綠；開始進入休眠時，葉色開始轉為紫黑色。花期夏季，花鮮黃色，大型的圓錐花序自莖頂端開放，但在台灣氣候下栽培不易觀察到開花。

▲光線充足時，心葉會向心部微彎，呈現碟子狀。

▲生長季時，在台灣氣候條件下葉色較綠。

黑法師綴化
Aeonium arboreum var. *atropurpureum* 'Cristata'

為園藝選拔栽培種。因莖頂生長點由點狀形
成線狀後，產生的特殊外形。

ＡＢＢ法師
Aeonium 'Blushing Beauty'

| 異　　名 | *Aeonium arboreum* 'Blushing Beauty' |

中名沿用台灣常用俗名。以其屬名及栽培種
名英文字首的縮寫簡稱。栽培種名 Blushing
beauty，指因害羞、靦腆而臉紅的意思，可
譯為臉紅美人。為綠葉系品種，葉全緣，具
紅色葉緣特徵。

▶下位葉紅色葉緣較鮮明。

Aeonium 'Cashmere Violet'
圓葉黑法師

異　　名	*Aeonium arboreum* 'Cashmere Violet'
別　　名	圓銀鱗

本種極可能是自黑法師中選育出的栽培種，特色在匙形葉的末端較為圓潤。

▶葉質地較厚實，葉末端較渾圓。

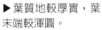

Aeonium 'Halloween'
萬聖節法師

異　　名	*Aeonium arboreum* 'Halloween'

中名以其栽培種名直譯而來，為中型品種。葉面上有淺紅褐色中肋，並帶有暈染般的淡紅褐色表現。

▶叢生狀的萬聖節法師；接近夏季心葉開始變小。

61

Aeonium 'Jack Catlin'
傑克法師

異 名	*Aeonium arboreum* 'Jack Catlin'
英文名	Red aeonium

中名暫以栽培種名直譯而來，或稱傑克卡特林法師。為 2009 年登錄的新栽培種，育種者為紀念其藝術家好友 Jack（Jhon catlin 先生）而命名。

▶ 葉形與黑法師相似，但葉末端葉幅較寬。

Aeonium 'Schwarzkopf'
墨法師

異 名	*Aeonium arboreum* var. *artopurpureum*
	'Schwarzkopf'

為園藝選拔栽培種，自黑法師中選拔出葉色更深紅、葉形較長的品種。墨法師葉形狹長、葉色較深。

▶ 墨法師於頂梢開花，花呈鮮黃色，花瓣數約 11。

▲墨法師的葉色近乎黑色。

Aeonium arboreum ‘Variegata’
豔日傘

異　　名	*Aeonium arboreum* cv. *variegata*
繁　　殖	扦插

豔日傘為銀鱗草屬中美麗的斑葉品種之一。
應源自園藝栽培選拔出來的品種，自學名
Aeonium arboreum cv. variegata 判斷應與黑
法師 *Aeonium arboreum* var. *atropurpureum*
同種，僅黑法師為 *Aeonium arboreum* 的變
種，而豔日傘則為 *Aeonium arboreum* 斑葉
的栽培品種。與近似種曝日及曝月相較，豔
日傘更易增生側枝及側芽。

▲豔日傘成株後易生側芽，與瘋狂
法師同為白覆輪品種

▌形態特徵

　　頂生匙形葉呈蓮座狀排列，葉色具有
黃色或粉紅色變化。葉斑以覆輪或邊斑為
主。

▶豔日傘匙狀葉較鮮
明，葉幅也較寬，白斑
於日夜溫差大時轉色，
多出現淡粉紅居多。

Aeonium arboreum hyb.
巴黎野玫瑰

巴黎野玫瑰中名，乃沿用台灣花市俗稱，外形與黑法師等相似，但整體株形較矮小。心葉或小苗的葉片質地堅硬，略向上伸展，不同於其他法師葉質地較為柔軟會向外開展。同為近年新引入台灣進行馴化栽培的品種。學名及栽培種品暫無可考據，僅以 hyb. 表示。

▲極可能是以黑法師與其近緣種雜交選育的品種。

Aeonium arboreum sp.
黑魔爪

自黑法師中選拔出的栽培種。為葉幅較小且葉形狹長的栽培種，近年新引入台灣進行馴化栽培。因引種學名已無可考據，僅以 sp. 表示。

▶葉末端漸尖，和其他法師葉末端鈍圓狀的形態略有不同。

Aeonium castello-paivae
青貝姬

異　　名	*Aeonium mascaense*
別　　名	遊蝶曲
繁　　殖	扦插

中名沿用日本俗名アエオニウム，譯為青貝姬。另以異學名 *Aeonium mascaense* 表示。就株形外觀與愛染錦相近，就學名上的判別應為愛染錦的原種。

▲環境條件較佳時，葉片質地較厚實。

▌形態特徵

　　小型種，株高約 30 ～ 40 公分。綠色匙狀葉具有明顯毛狀葉緣。花期春季，不同環境下養成的株形略有不同，光線較不足時，葉序鬆散，葉片較開張；光線充足時葉序緻密且質地較為厚實。台灣不易觀察到開花。

▲青貝姬在光線充足下，葉質厚實，葉中肋處有縱帶狀紅褐色斑。

▲全日照環境下的青貝姬，葉序生長緻密，葉面白色粉末附屬物較為明顯。

Aeonium castello-paivae f. *variegata* 'Suncup'

愛染錦

銀鱗草屬

異　　名	*Aeonium* 'Suncup'
繁　　殖	扦插

中名沿用日本俗名而來，為園藝栽培選拔品種。蓮座狀叢生的葉序與景天屬的萬年草外觀相似。夏季休眠期管理要較為小心，需移至避光處並節水管理，必要時可以利用風扇營造低夜溫以協助越夏。

▲愛染錦白色葉斑表現呈不規則狀。

▎形態特徵

　　為小型種，株高約 30 ～ 40 公分。葉片具有白、綠色的雙色葉斑，白色的葉斑表現較不規則，具有毛狀葉緣。花期春季，花淺綠色或綠白色，總狀花序較為鬆散，在台灣不易觀察到開花。

◀為銀鱗草屬中的小型種。

Aeonium decorum
夕映

別　　名	雅宴曲
繁　　殖	扦插。平地栽培時，越夏後應扦插更新植群，老株根系較易老化後而敗育。

原產自非洲東北部及西班牙加拿列群島。本種為在台灣平地越夏容易的品種之一。

形態特徵

　　為常綠半灌木或灌木。莖部成熟後木質化，基部易發氣生根協助植株的支持與固定。葉叢呈蓮座狀排列，嫩葉集於莖端，老葉則易脫落。葉匙形，葉緣有毛狀或細鋸齒狀突起。花期春季，花朵白色，圓錐花序開放於莖部頂端。喜好於光線充足環境下栽培。夏季休眠生長停滯，應移至遮蔭、通風處協助越夏。介質乾燥再澆水。

▲花市常見夕映的盆栽商品。

▲夕映的匙形葉，葉緣紅。

▲成株後樹型姿態美觀。

Aeonium decorum f. *variegata*
夕映錦

異　名	*Aeonium decorum* 'Tricolor'
別　名	清盛錦、豔日輝
繁　殖	扦插

為經由園藝栽培選拔出的斑葉品種。可能為夕映 *Aeonium decorum* 或近似種紅姬 *Aeonium haworthii* 的斑葉品種。

▌形態特徵

　　外觀與夕映相似，但新葉的葉色較淺，為淺綠色或奶黃色，成熟後轉為綠色。生長栽培管理同夕映。

▲夕映錦新葉轉色。冬季低溫時，葉色表現鮮明。

◀入夏休眠後葉片呈綠色，外觀與夕映相似，老株呈樹型。

Aeonium goochiae
古奇雅

別　名	古琦、歌葉（中國）
繁　殖	扦插

暫 以 台 灣 通 用 學 名 *Aeonium goochiae* 表
示。種名 goochiae 為紀念 19 世紀英國博物
學家和地質學家菲力浦 B. 韋伯（Philip B.
Webb）的母親，以種名 goochiae 音譯而來。

▌形態特徵

　　爲中小型種，株高約 30 ～ 45 公分。
灰綠色的匙形葉較爲圓潤，葉片互生於枝
梢頂部，葉面上具有白色短毛。花期集中
在春、夏季之間，白色花序於頂梢開放，
花白色，花瓣中肋略帶粉紅。台灣不易見
到開花，但本種也爲平地栽培容易越夏的
品種。

▲葉面上具有白色絨毛，為台灣平地容易越
夏的品種之一。

▲光線充足時葉序緊密，葉片堆疊包覆狀似
玫瑰。

Aeonium goochiae 'Ballerina'
富士之初雪

異　　名	*Aeonium* 'Ballerina'
英 文 名	White fringe
別　　名	冰絨、毛法師、冰絨掌（中國）
繁　　殖	扦插

中名沿用日本俗名而來。依學名判斷，本種應自古奇雅中選育或雜育而成的栽培品種。栽培種名以 'Ballerina' 表示，其字義為芭蕾女伶的意思，極可能形容葉叢狀似芭蕾舞裙。

▲頂生花序短，自側芽開放。

形態特徵

　　小型種，株高約 20 ～ 30 公分，生長極為緩慢，台灣花市也是近年引作馴化培養中。與古奇雅一樣葉片呈灰綠色，滿布白色短毛，但長匙狀的葉形較為狹長。在葉末端有明顯的白色波浪狀葉緣。花期春、夏季，台灣並不易觀察花開的情形，花序自側芽頂梢開放，花序較短。花色鮮黃。花瓣數 8。

▲具有白色波浪狀葉緣，易自基部增生側芽。

▲富士之初雪開花情形。

Aeonium 'Mardi Gras'
紅錦法師

| 別　　名 | 瘋狂法師（台灣） |

為 2009 年 由 美 國 Renee O'Connell，以
Aeonium 'Velour' 與另種不知名的銀鱗草屬
植物雜交選育出來的品種。於 2010 年取得
美國品種權專利，專利編號為 US PP21407
P2。中名沿用中國俗名。

▌形態特徵

　　外形與黑法師相似，為白覆輪或近似
檸檬黃色調的覆輪。日夜溫差大、光照充
足時，白斑會轉為紅色或粉紅色。全株葉
序多彩十分美觀。花期夏季，總狀花序自
頂端開放，花淺黃色。

▲夏、秋季開花，在台灣不易見到，可能因
引種馴化時環境差異過大導致開花。

◀紅錦法師葉片
狹長，葉色變化
豐富，斑葉的表
現穩定。

71

Aeonium sedifolium
小人之祭

別　　名	日本小松
繁　　殖	播種、扦插

原產自西班牙加拿列群島。種名 *Sedifolium* 源自拉丁文，英文字意為 with Sedum leaves。種名係依小人之祭的叢生葉片，狀似景天屬 *Sedum* 的葉形而來。在夏季有短暫休眠，期間會大量落葉。依葉形又可細分成扁葉小人之祭、圓葉小人之祭及棒葉小人之祭等不同的栽培品種；但學名均以 *Aeonium sedifolium* 表示。扦插繁殖適期為冬、春季，剪取小枝或蓮座狀的葉叢進行扦插即可。

▲花鮮黃色，圓錐花序較為鬆散。

▌形態特徵

　　為銀鱗草屬中的小型種多肉植物，株高最高可達 40 公分。葉長約 1.2 公分，分枝性良好，看似群生或叢生狀植群其實是單株，呈灌木狀樹型，乃大量分枝構成。葉片光滑無毛，葉緣無毛或細鋸齒狀。葉色為橄欖綠，葉緣及中肋處具有紫紅色紋。花期春、夏季，花鮮黃色，小花形成圓錐狀花序，開放於莖頂。

扁葉小人之祭 *Aeonium sedifolium*
寬匙狀葉光滑無毛，葉片上具有紫紅色斑紋。

棒葉小人之祭 *Aeonium sedifolium*
匙狀葉較狹長，近似棒狀。

Aeonium 'Bronze Medal'
褐法師

別　　名	伊達法師
繁　　殖	扦插

中名沿用台灣花市俗名而來，可能根據其略帶褐色的葉色而得名。英文俗名原意為銅牌的意思。因夏季休眠時，緊縮的頂芽狀似常見銅色徽章上的玫瑰紋而得名。本種源自美國以小人之祭為親本雜育而成的品種。台灣平地栽培較易越夏成功的品種之一。

▌形態特徵

株高約 30 ～ 45 公分，株形及葉片上斑紋的表現與親本小人之祭類似，株形狀似小樹。葉片厚實，在葉末端的葉面或葉背處，均有暗紅色條帶狀褐色斑紋。

▲光線不足時，葉序開張，葉斑的表現較明顯。

▲光線充足下葉序緊密的姿態。

▲對台灣夏季高溫適應性佳，此為入夏後植株外觀。

Aeonium smithii
史密斯

別　　名	晶絨法師、史密斯香菜（台灣）、晶鑽絨蓮（中國）
繁　　殖	扦插

中文名以種名音譯而來。因外形與香菜形似，在台灣另稱史密斯香菜。種名 Smithii 在紀念 18 世紀發現本種植物的挪威籍醫師 Christen Smith 先生。產於加那利群島的特內里費島（the island of Tenerife in the Canary Islands），原生地冬季降雨、夏季乾旱。在原產地並不常見，分布在海拔 300 ～ 2800 公尺山區，喜好生長於岩屑地及岩壁上的石縫處。

▲新芽及新葉充分展開後。

▌形態特徵

　　多年生的肉質灌木狀植株，株高可達 60 ～ 70 公分。灰綠色的肉質卵圓形葉具有波浪狀葉緣，新芽與成熟的展開葉各有不同外形，葉面均具白色短毛並覆有不規則褐色細斑點。葉背具有綠色或暗紅色腺點，黃色花序集中於春、夏間開放。與其他銀鱗草屬的多肉植物一樣，會利用下位脫落的方式來調節水分的散失。夏季避免過濕，應移至陰涼處並營造低夜溫的微環境，有利於本種越夏。

▲扦插後枝條上新芽初萌發的樣子，波浪狀葉緣明顯。

▲史密斯具有波浪狀葉緣，葉面上均覆有短毛。

Aeonium tabuliforme
姬明鏡

英 文 名	Flat-top aeonium
繁　　殖	種子、分株為主

產自加拿列群島，主要生長在特內里費島的沿海峭壁縫隙處。常見分布在海拔約 500 公尺向北或向西北面的岩壁上。原生地植群常平貼地面生長，開花時再向莖頂抽出長花序。種名 Tabuliforme 原意為扁平、板狀或平整的意思，形容本種特殊的生長型態。常與八尺鏡共用 Flat-Top Aeonium 英文俗名，都在形容其新生葉片平貼在莖頂上的特性，但八尺鏡為灌木狀的中大型植物，而姬明鏡為小型種且植株平貼在地表生長。共用同一學名下另有明鏡，但兩者外觀差異不大，姬明鏡易生側芽而明鏡較不會產生側芽。

▲翠綠色的卵形葉平貼地表，由葉片交疊而成的株形。

姬明鏡可分株繁殖；姬明鏡與明鏡是本屬中少數可行葉插繁殖的品種，雖然花後死亡，如又無法取得種子進行繁殖時，可使用長花序上的小葉片進行葉插繁殖。

▍形態特徵

莖短縮、植株矮小，全株由質地柔軟的卵圓形葉組成。成株後每株可由上百片葉子平貼交疊而成。株高頂多在 3 ～ 4 公分，株徑可達 45 ～ 50 公分左右。花期約在春、夏季之間。鮮黃色的長花序可達 60 公分左右，於莖頂上抽出，花後植株弱化死亡，平均壽命約 3 年左右。

▲常見市售姬明鏡植栽。葉片上有短毛狀附屬物。

銀鱗草屬

Aeonium 'Emerald Ice'
翡翠冰

異　名	*Aeonium tabuliforme* hyb.
繁　殖	扦插，可取其側芽扦插繁殖。

以 *Aeonium tabuliforme* 為親本，經雜交選育而成的園藝栽培種，與紅錦法師同樣自美國育成。中文名翡翠冰譯自栽培種名 Emerald Ice，近年台灣引入馴化栽培中。

▌形態特徵

具有短直立莖，葉序排列與其親本明鏡或姬明鏡一樣，翠綠色的長匙形葉質地柔軟、平整交疊；具有白覆輪的斑葉。翡翠冰易於基部產生側芽。開花時葉片變小並向莖頂抽出長花序來。

▲長匙狀的葉序互生緊密，葉序交疊在莖頂上。

▶頂芽下方易產生側芽。

▲開花時，植株心部抽出長花序。

▲進入花期時，頂生的新葉變小。

Aeonium undulatum ssp. 'Pseudotabuliforme'
八尺鏡

異　　名	*Aeonium pseudo-tabulaeformus*
英 文 名	Saucer plant
繁　　殖	扦插

中名應沿用日本俗名而來；學名表示以
Aeonium undulatum ssp. 'Pseudotabuliforme'；
為 *Aeonium undulatum* 亞種（subspecies,
ssp.）。有些學名直接將亞種提升為品種，
以 *Aeonium pseudo-tabulaeformus* 表示。亞
種名或種名 *Pseudo-tabuliforme* 源自拉丁
文，字根 Pseudo- 中文字意有偽、很像是、
假裝是等，說明本種外觀與明鏡或姬明鏡
Aeonium tabuliforium 外觀相近。生長季節可
放置於全日照至半日照環境下栽培，但本種
在明亮及略遮蔭環境也能適應；生長季可定
期給水，有利於生長。但夏季應移到遮蔭處
並節水管理，以利越夏。

▲葉色明亮、光滑，生長
期葉形狹長且較鬆散。

▲夏季休眠時葉形變短，葉序緊緻。葉叢狀
似綠色的碟狀物，英名為 Saucer plant。

▌形態特徵

　　為大型種，株高 60 ～ 90 公分，環
境適合時株高可達 1 公尺以上。本種分枝
性良好，成株後樹形外觀優美。匙形葉圓
潤、飽滿，葉綠色、明亮。蓮座狀的葉叢
美觀。花期春、夏季，花呈鮮黃色，圓錐
花序開放在莖部頂端，但不常見開花。

Aeonium urbicum cv. *variegata* 'Moonburst'
曝月

異　名	*Aeonium* 'Moonburst'
繁　殖	扦插

與曝日同種，為不同斑葉的變異品種。

形態特徵

與曝日相似，但曝月可能因斑葉變異不同的原因為中斑栽培品種，葉片綠色部分較多，生長速度較曝日佳，若栽培環境適宜時，株高可達 100 公分，株徑與蓮座狀排列的葉叢都較大。匙形葉具紅色葉緣，為雙色斑葉的變化，葉片以綠色及乳黃色為主，但乳黃色的斑葉表現在葉片中肋處，為中斑的斑葉變異。

▲曝月的外觀與曝日相似。

◀斑葉為中斑變異，綠色部分較多。

Aeonium urbicum cv. *variegata* 'Sunburst'
曝日

異　名	*Aeonium* 'Sunburst'
繁　殖	扦插

應為園藝栽培選拔品種。亦有學名標註為
Aeonium decorum f. *variegata*

▌形態特徵

　　株高可達50公分，成株後會呈樹形，
但分枝性較近似種豔日傘低。匙形葉灰綠
色具乳白色覆輪，帶有雙色的變化；在低
溫時，明亮的乳白色葉斑轉為粉紅色。花
期夏季，花白色。在台灣不易觀察到開
花。夏季休眠，下位葉會脫落，葉叢會變
小，直至秋涼後才漸漸恢復生長。應栽培
在疏水性佳的介質較好，放置在半日照至
光線明亮處栽培為宜。

▲曝日葉色變化豐富。乳白色的
覆輪低溫期會轉為粉紅色。

◀葉形較短而寬
厚；葉為灰綠
色具乳白色覆輪
斑。

Aeonium 'Sunburst' f. *cristata*
曝日綴化

異　　名	*Aeomium* 'Sunburst' cristated
別　　名	燦爛
繁　　殖	扦插

栽培選拔出的綴化品種。生長點成線狀時，頂部的葉叢會呈現扇形變化。葉片變小，葉片下半部會出現褐色中肋；生長緩慢。

▲葉叢呈扇形或有點皺縮的表現。

◀曝日綴化的植株，因生長點密集形成特殊的株形。

落地生根屬

Bryophyllum

　　又名提燈花屬、洋吊鐘屬。外觀與伽藍菜屬十分相似，在不同的分類系統中，將本屬納在伽藍菜屬 *Kalanchoe* 中以一個節（section）來表示。

　　落地生根屬 *Brophyllum* 字根源自希臘文，Bryo 為發芽之意，phyllum 為葉片。英文俗名常見以 Air Plant, Life Plant, Miracle Leaf 等稱之，都在形容其特殊葉片長芽的無性繁殖方式。

　　本屬植物對台灣的氣候環境十分適應，部分已經馴化到台灣各地，本屬植物葉緣缺刻處極易發生不定芽，讓它們具備落地生根的繁殖策略，能夠在異地快速建立族群，如蕾絲姑娘、不死葉、洋吊鐘及不死鳥等，都是台灣常見的落地生根屬植物。在原生地，落地生根屬植物為一種稱為紅皮埃羅特 Red pierrot 蝴蝶的食草，其幼蟲會像潛葉蛾的幼蟲一樣，鑽入葉片中啃食葉肉組織。

外形特徵

多年生肉質草本植物，莖幹的基部略呈木質化，葉片對生，外觀與伽藍菜屬十分相似，但本屬中多數品種在其葉緣缺刻內縮處會形成珠芽（bulbils）。這些珠芽一旦落地後即能生根長成新的小植物。花期冬、春季或春、夏季間，視品種不定。

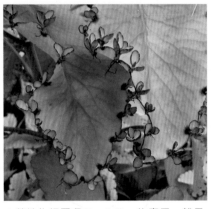

▲ 落地生根屬名 Brophyllum 的意思，就是會長芽的葉子。

▲ 不死鳥也是台灣各地可見的馴化品種之一。

落地生根屬與伽藍菜屬兩屬親緣關係十分接近，部分分類上會以這兩屬的屬名標註互為異學名，如落地生根 Bryophyllum pinnatum 早期的學名 Kalanchoe pinnatum 也使用伽藍菜屬的屬名表示。

落地生根屬 Bryophyllum 與伽藍菜屬 Kalanchoe 外觀特徵比較：

葉

伽藍菜屬

雞爪癀 / 伽藍菜
Kalanchoe laciniata
裂葉，葉緣缺刻處不長珠芽。

扇雀
Kalanchoe rhombipilosa
圓形或扇形葉片缺刻處不形成珠芽。

落地生根
Bryophyllum pinnatum
長卵圓形的葉緣缺刻內縮處會
形成珠芽。

蕾絲公主 / 子寶草
Bryophyllum
'Crenatodaigremontianum'
葉緣缺刻處內縮形成大量的珠芽。

花

伽藍菜屬

花萼與花瓣 4 枚，花萼不合生；花瓣 4 枚合生成筒狀，向上開放。

匙葉燈籠草
花萼不合生，4 枚花瓣基部合
生成筒狀，向上開放。

長壽花
花萼不合生，筒狀花 4 裂瓣，
向上開放。

千兔耳
花序同樣著生白色絨毛，筒狀
花 4 裂瓣，向上開放。

落地生根屬

花萼及花瓣 4 枚，合生成筒狀花萼及筒狀花，花開放時呈下垂狀開放。

提燈花
花瓣合生成鐘狀，向下開放，
花萼合生不明顯。

落地生根
紅色花萼合生成筒狀，黃色或
淺橙色鐘狀花，花萼向下開
放。

不死鳥
花梗自莖頂中抽出，小花和花
萼均合生成鐘狀，向下開放。

蝴蝶之舞錦 *Bryophyllum fedtschenkoi* 'Variegata' / *Kalanchoe fedtschenkoi* 'Variegata' 因不同的分類系統認定，學名表示方式也不同。

蝴蝶之舞錦
圓形葉對生，葉緣具波浪狀缺刻，於缺刻處未見珠芽生長。

▲雖葉片上不具珠芽發生的特性，但開花方式及花的型式與落地生根屬較為接近，因此列入落地生根屬中討論。

本書以花序及花朵作為鑑別特徵，將部分列在伽藍菜屬的蝴蝶之舞及白姬之舞，列入落地生根屬中做說明。

栽培管理

本屬對台灣氣候適應性佳，可露天栽培，栽培管理並不困難，生長期集中在春、夏季間。對於光線的要求較高，雖半日照至光線明亮處皆能適應生長，但葉色表現較差；若能全日照至光線充足下栽培，則株型緊緻葉色表現較佳。栽培上，以排水性佳的介質為宜，可每年剪取高芽更新植株，形塑特殊的株型；多年生的老株，建議至少 3 ～ 5 年應更新部分介質，淘汰老舊根系維持生長。

繁殖方式

落地生根屬植物繁殖以扦插為主，使用葉插或莖插的方式皆可。因葉片會產生大量的珠芽，亦可將珠芽收集下來後，再將珠芽滿鋪在小盆器或造型花器上，以類似播種的方式，創造出特殊的趣味盆栽；或取珠芽塞入多孔隙的石縫或礁岩中，再將礁岩或石頭泡在淺水盤裡，待珠芽生長，根系竄入石頭或礁岩後，便能營造出附石的野趣盆栽來。

繁殖以冬、春季為適期，除了剪取頂芽扦插外，葉緣上會產生不定芽，利用自生的不定芽進行繁殖亦可，但少部分具有錦斑的品種，如不死鳥錦帶有全錦或斑葉變異的高芽則無法繁殖。

Bryophyllum 'Crenatodaigremontiana'
蕾絲公主

英 文 名	Mother of thousands, Mother of millions
別　　名	蕾絲姑娘、森之蝶舞、子寶草
繁　　殖	扦插、珠芽播種

為蝴蝶之舞與綴弁慶（*Bryophyllum crenatum* × *Bryophyllum daigremontianum*）雜交而來。栽培種名 'Crenatodaigremontiana' 以其親本的種名組合而成。適應性強，栽培管理容易，全日照到半日照皆能生長。環境較乾旱或光照較強時，除株形縮小外，葉片會略自中肋處向內反捲，減少受光面積。

▲蕾絲公主葉緣上的小珠芽就像是著上蕾絲花邊一樣。珠芽成熟後，輕觸即脫落。接觸土面後可迅速發根，長成一株獨立的個體。

▌形態特徵

為多年生肉質草本。莖短、粗壯較不明顯，分枝性不佳。肉質化的葉片略革質，葉片呈長卵圓形或長三角形，葉身呈弧形，葉有短柄，以十字對生於莖幹上，具鋸齒緣，於其內縮處著生珠芽。花期冬、春季，成株後，莖頂梢開始向上抽長，花序開放於莖頂，花梗及鐘形花萼筒呈紫紅色，萼筒 4 裂呈三角形。長筒形花，4 裂，裂瓣較圓。

▲開花時，會自莖頂抽出長花梗，花及花序均為紫紅色。

落地生根屬

Bryophyllum daigremontianum
綴弁慶

英 文 名	Alligator plant, Evil genius, Mexican hat plant
繁　　殖	扦插、珠芽播種

中名沿用日本俗名而來。外形就像是放大版的不死鳥或瘦長版的蕾絲公主，因綴弁慶為前兩種的親本。產自非洲馬達加斯加島，是少數景天科中的有毒植物，全株含有特殊的有毒物質，如強心配糖體的物質 daigremontianin（cardiac glycoside）及其他如類固醇毒素蟾蜍二烯羥酸內酯 bufadienolides 的物質，因此種名以 daigremontianum 稱之。栽種時需注意避免小動物或嬰兒不慎取食，嚴重時會有致命危機。

▲耐旱性強，光照強烈及乾旱時，葉片會內摺以減少受光面積。

▌形態特徵

為多年生的肉質草本植物，株高近 1 公尺，基部略木質化。光照不足時株形會徒長，葉片較大。光線充足或乾旱時，葉片會向內摺，減少受光面積。長披針形的葉片大型，最長約 20 公分左右；葉背有不規則的深色狀條紋。葉緣缺刻內縮處會形成大量的小苗。花期春、夏季，花梗開放在枝條頂端，聚繖花序由小花組成，鐘形花向下開放。

▲雖沒有不死鳥普及，但偶見在台灣鄉土間，需注意的是它為有毒植物。

Bryophyllum daigremontianum × Bryophyllum *tubiflora*

不死鳥

英文名	Hybrid mother-of-millions
繁　殖	扦插、珠芽插種

可能是綴弁慶與錦蝶（*Bryophyllum daigremontianum* × *Bryophyllum tubiflora*）雜交而成。形態變異大，馴化在台灣各地，常見於路邊屋簷等地，形成地被狀族群。當光線不足時株形與葉形皆變大，葉色淺綠但葉面仍具不規則斑點及花紋。

▲花序開放在枝條頂端，花梗上有小葉對生或輪生，鐘形花呈淺橙色或淺黃色。

形態特徵

　　爲多年生草本植物，株高 80 ～ 90 公分，莖幹基部略木質化。葉對生，葉形則綜合了親本特色。葉片小，較接近錦蝶的筒狀或棒狀葉片，但又融合了綴弁慶的長三角形葉或長披針形葉之特徵。灰綠色的葉，花背及葉面具有深色的不規則斑點及花紋，葉質地變厚葉形小，略呈短披針形，葉緣兩側向內摺，狀似船形。葉緣具細鋸齒狀缺刻，於其內縮處著生珠芽。另有錦斑的栽培品種。花期冬、春季，不常見開花，花梗長於莖頂部抽出，聚繖花序由小花組成，筒狀花萼淺紫色，鐘形花向下開放。

▲光線充足環境下生長的不死鳥，株形與葉形較小，葉色近褐色，與錦蝶外觀十分相似。

落地生根屬

Bryophyllum daigremontianum × *Bryophyllum tubiflora* 'Variegata'
不死鳥錦

| 繁　殖 | 扦插繁殖為主。因珠芽失去葉綠 |
素，無法以珠芽播種的方式大量繁殖。

不死鳥錦沿用日本俗名フシチョウニシキ而來。由不死鳥中選拔出具桃紅色或粉紅色的錦斑變異栽培種。特徵在新葉的葉緣及不定芽，形成鮮嫩的粉紅色或桃紅色，有時會出現白斑的變化，錦斑變異讓葉色產生變化，讓不死鳥錦頗具觀賞價值。當冬、春季日溫差大及光線充足時，葉色的表現更為良好，但栽培上需注意，若嫩葉處積水，在全日照或露天環境下易發生葉燒現象。

▲錦斑的表現在其粉紅的葉緣處。不死鳥錦桃紅色的珠芽十分美觀，花市常見三寸盆商品。

▲混生著全錦的個體。

▲對生的葉序，以近輪生的方式排列。老葉的葉緣錦斑較不明顯，但一樣會產生粉紅色的珠芽。

Bryophyllum fedtschenkoi 'Variegata'
蝴蝶之舞錦

異　　名	*Kalanchoe fedtschenkoi* f. *variegate*
英 文 名	Variegated lavender scallops
別　　名	錦葉蝴蝶、蝴蝶之光
繁　　殖	扦插

原產自馬達加斯加島。蝴蝶之舞錦為園藝栽培選拔的錦斑變異栽培種。本種生長強健，又因葉色美觀、繁殖容易等特性，廣泛分布全世界熱帶地區，台灣有歸化的野生族群；常見生長在屋頂或屋簷上。

▶ 小花 4 瓣，筒狀花向下開放的花形與伽藍菜屬向上開放的方式不同，因此併入落地生根屬中。

▌形態特徵

　　為常綠的多年生肉質草本或半灌木，莖易木質化及倒伏；莖幹上易生細絲狀不定根及發生側芽。全株具有白色的蠟質粉末。圓形或橢圓形葉肉質；葉有短柄、對生呈側向生長；葉緣有明顯圓齒缺刻，但缺刻處不著生珠芽。錦斑為白色的不規則葉斑，偶有覆輪的錦斑，於冬、春季日照充足，日夜溫差大時，白色錦斑會呈現美麗的粉紅色。花期冬、春季。花序自莖端伸出，粉紫色的鐘形花萼筒，萼片 4 裂、三角形，橘紅色筒狀花 4 裂，裂片較圓。花後於花序節間處會形成珠芽或不定芽。

蝴 蝶 之 舞 *Bryophyllum fedtschenkoi* / *Kalanchoe fedtschenkoi*
蝴蝶之舞錦返祖後的綠色型態。若栽培環境適宜，能再產生具錦斑側芽。

蝴蝶之舞錦黃中斑的錦葉品系，因葉面上有塊斑葉表現，生長較為緩慢。

Bryophyllum gastonis-bonnieri
掌上珠

異　　名	*Kalanchoe gastonis-bonnieri*
英 文 名	Donkey ears, Giant kalanchoe, Good luck plant
別　　名	不死葉、雷鳥
繁　　殖	播種或使用葉片末端產生的珠芽進行繁殖。

原產自非洲馬達加斯加島，常見生長在岩礫地區。葉形與驢耳相似，得名 Donkey ears。可能具有些微毒性，不常見有蟲害發生。在台灣生性強健適應性佳，栽培繁殖容易。常見本種列在伽藍菜屬下，但因葉緣缺刻能產生珠芽，且具有花萼筒及花朵下垂開放等特徵，因此將其列在落地生根屬中，並標示出伽藍菜屬之異學名作為說明。

▲銅綠色的葉片散布褐色或栗色橫帶狀斑紋或斑點，光照不足時，葉面上的白粉較少。

形態特徵

　　生長快速的多年生或二年生大型肉質草本，株高可達 60 ～ 90 公分。全株被有白色蠟質粉末。長披針形葉片呈銅綠色，葉面有不規則栗色或淺褐色斑點及橫帶狀斑紋。營養生長未達開花條件的株高較矮，經 2 ～ 3 年栽培進入生殖生長時，植株會抽高產生頂生的花序，花期常集中在秋、冬季，花季長達 2 個月左右。花萼筒淡紅色；背光處花萼色澤偏綠，珊瑚紅或桃紅色的花下垂開放；為良好的蜜源植物，可以吸引蜜蜂、蝴蝶取食，在原生地還能提供鳥類吸食花蜜。

▲葉片末端會形成珠芽。

▲進入開花時，植株會抽高形成頂生花序，花後結完種子死亡。

Bryophyllum marnieriana

白姬之舞

異　　名	*Kalanchoe marnieriana*
英 文 名	Marnier's kalanchoe
別　　名	馬尼爾長壽花
繁　　殖	扦插繁殖為主

中名沿用日本俗名而來，又稱馬尼爾長壽花，乃譯自英文俗名而來。因鐘形花及向下開放的特性將其列入落地生根屬，但常見歸納於伽藍菜屬中。本種原產自非洲馬達加斯加島。十分耐旱、生性強健，適應台灣氣候，可露天栽培。

▲葉色為特殊的藍綠色或灰藍色；對生的葉片會朝向一側生長，具有紅色葉緣。

落地生根屬

▌形態特徵

為多年生肉質小灌木，莖幹木質化，生長外形與蝴蝶之舞錦相似，但葉全緣，不具波浪狀葉緣。株高約 30 ～ 45 公分。扁平狀的藍綠色葉片具短柄、對生。葉片常朝向一側生長，具有白色的蠟質粉末，葉緣紅色。花期多、春季，花為玫瑰紅至橙紅色。花序開放在莖枝的頂梢。

◀花形與落地生根長相似，為玫瑰色或橙紅的鐘形花，末端具有 4 片裂瓣。

Bryophyllum pinnatum
落地生根

英文名	Air plant, Life plant, Miracle leaf
別　名	葉生根、葉爆芽、晒不死、倒吊蓮、燈籠花、天燈籠
繁　殖	扦插

原產自非洲馬達加斯加島，現已廣泛分布在世界的熱帶地區。在美國夏威夷將其列為入侵種植物（invasive species），影響到當地原生植物的生態。台灣有野生族群，引入後已歸化在台灣的鄉野間。因葉片產生珠芽或不定芽的能力強，是國小自然觀察中常用的自然教材，也因為這種落地即生長的特性，得名「落地生根」。以葉片強大的無性繁殖能力為俗名，有葉生根、葉爆芽、晒不死等名；另以其下垂開放的花形而有倒吊蓮、燈籠花、天燈籠等名。常作為民俗藥用植物，據說全草可清熱解毒。外用時可治癰腫瘡毒、跌打損傷、外傷出血、燒燙傷等。

▌形態特徵

　　莖直立，高約 40 ～ 150 公分。葉對生，單葉或羽狀複葉。具羽狀複葉特性的落地生根，在成株後或達開花的株齡時，新生葉片會變成複葉，呈 3 ～ 5 片小葉。具葉柄，葉橢圓形、對生。葉緣具圓齒狀缺刻，缺刻內縮處易生成珠芽或不定芽。花期多、春季，大型的圓錐花序開放在植株頂梢，花梗長，花萼及花冠合生呈筒狀，長 3 ～ 4.5 公分，呈紅色、淡紅色或紫紅色。

▲台灣常見的落地生根之一，成株後會形成複葉的特徵，另名複葉落葉生根。缺刻處較圓潤；花色較淺。

▲單葉落地生根的族群，開花時鐘狀花萼鮮紅；葉片略具白色蠟質粉末。

Bryophyllum proliferum
五節之舞

異 名	*Kalanchoe prolifera*
英 文 名	Blooming boxes, Flaming katie, Mother-of-millions, Palm beach bells
繁 殖	扦插，花序上也會形成高芽，可切取下來後繁殖。

原產自非洲馬達加斯加島。外文資料常以 A giant fast growing succulent from the island of Madagascar. 說明本種。大型種，特殊的複葉形態，成株後狀似棕櫚科的外形得 Palm beach bells 之名。合生的花萼筒呈方形外觀，英名也以 Blooming boxes 稱之。中名可能沿用日文俗名而來。外觀與複葉落地生根外觀相似，但本種幼株即出現複葉形態；具粗大的直立莖，株高可達 3～4 公尺；而落地生根株高約 1 公尺左右。

▲利用盆器限縮了五節之舞的株形。

▍形態特徵

綠色的大形複葉或深裂葉對生於莖節上，具有淺缺刻狀葉緣。成株後於冬、春季間開花，花序大型開放於莖頂，花序長約 40～80 公分，綠色花筒 4 片合生成方形；花瓣小略長於花萼筒，花黃綠色。

落地生根屬

Bryophyllum rauhii
幸來花

異　　名	*Kalanchoe rauhii*
繁　　殖	扦插

外觀與不死鳥相似，同是錦蝶與綴弁慶的雜交種。就開花特性及葉緣具有深缺刻特徵，部分網路圖相資料可見葉緣缺刻處也會萌發不定芽。整體外觀就花序、葉形及株形，應較接近落地生根屬的外觀，但常用資料學名標註分類在伽藍菜屬中。

▌形態特徵

　　為多年生的常綠肉質草本植物。開花時株高可達 60 ～ 80 公分，莖基部易木質化。長橢圓形葉、肉質；具有深缺刻葉緣，葉緣缺刻處具有暗褐色斑點。花莖長約 40 ～ 50 公分，橙紅色的鐘形花向下開放。

▲長橢圓形葉片具有鋸齒狀缺刻。

▲可能是錦蝶的雜交種。

◀開花植株，花 4 瓣向下開放，花萼合生成筒狀。

Bryophyllum 'Wendy'
提燈花

異　　名	*B. manginii* 'Wendy'／ Kalanchoe
	'Wendy'
英 文 名	Wendy kalanchoe
別　　名	宮燈長壽花（中國）
繁　　殖	扦插

中名以台灣常用俗名訂之。為雜交選育出的園藝栽培種。本種為冬、春季常見的小型盆花，在平地越夏時需注意，應移至遮蔭處並減少給水，待秋涼後再剪取嫩梢扦插，更新植株。

▲提燈花形可愛有趣，為冬、春季常見的盆花植物。嫩莖紫紅色，花序開放在枝梢頂端。

▋形態特徵

為多年生肉質草本植物。嫩莖直立，呈紫紅色。濃綠色長橢圓形葉對生，具有鈍鋸齒狀葉緣，葉片光滑。花期春季，聚繖花序開放在枝條頂端，花萼 4 瓣不合生；花瓣合生成紅色的鐘形花向下開放，4 裂瓣黃色，花色對比鮮明。

◀花萼 4 瓣不合生，花瓣合生成鐘形花或筒狀花，向下開花。末端為黃色的 4 個裂瓣。

Bryophyllum tubiflora
錦蝶

英 文 名	Chandelier plant
別 名	洋吊鐘
繁 殖	扦插、珠芽播種

英文俗名 Chandelier plant，可譯為吊燈花，用來說明其美麗狀似吊燈的鐘形花。原產馬達加斯加島。生長強健、繁殖容易，歸化在全球熱帶地區，台灣亦然，常見生長於屋頂、遮雨棚、牆角或乾旱等環境，為雜草級的多肉植物之一。在環境惡劣或長時間乾旱時，葉片短縮呈簇生狀。與落地生根一樣，被認為是民俗藥用植物，據說全草具有治療咽喉痛、肺炎、氣喘、肚子痛及下痢；外用時可治輕微燒、燙傷、外傷出血及瘡癤紅腫等。

▲錦蝶的花色鮮明，紫色花萼及橘色的鐘形花與植株形成強烈對比。

形態特徵

多年生肉質草本，莖幹基部略呈木質化。莖直立不易分枝。筒狀或棒狀葉片、對生。葉面有暗褐色的不規則斑紋，於末端具有缺刻，內縮處易生長珠芽或不定芽。珠芽掉落接觸到地面發根後繁殖。花期春季，花序於莖端伸出，花莖健壯，紫色的鐘形花萼，萼片4裂、三角形。橘色鐘形花4裂、裂瓣圓鈍。雖是雜草級的多肉植物，但花季在野地、屋簷上及角落盛開時，盛大的花顏一樣令人動容。

▲外觀與不死鳥相近，葉片呈筒狀或棒狀。葉片上具有不規則的黑褐色斑紋。葉末端缺刻處著生不定芽。

銀波錦屬

Cotyledon

屬名 *Cotyledon*，源於希臘文 kotyledon，其字意為 cup-shaped hollow，形容本屬中部分品種具杯罩形的葉片而來。

中國稱為絨葉景天屬，形容本屬植物多數品種葉片上具有毛狀附屬物的特徵。台灣則沿用日本分類的說法，多稱為銀波錦屬。

景天科植物中形態獨特的一群，主要分布在南非及阿拉伯半島等地區，原生種大約 10 幾種左右，經由園藝化及栽培品種選拔的結果，台灣也有近 20 種的常見栽培品種，以福娘 *Cotyledon orbiculata* 這學名下的栽培品種就為數不少。1960 年代以前與天錦章屬 *Adromischus*、仙女盃屬 *Dudleya*、瓦蓮屬 *Rosularia* 和奇峰錦屬 *Tylecodon* 共同歸納在銀波錦屬中，其中與奇峰錦屬最為接近，但奇峰錦屬具落葉特徵；銀波錦屬則不發生季節性的落葉。銀波錦屬下的植物多具有毒性，對於家畜，如豬、羊及家禽的毒性較高，居家栽培時，應慎防小孩及小動物取食。

外形特徵

本屬為多年生的常綠肉質小灌木或肉質草本，枝條質地較脆、易斷裂。葉形變化多，葉全緣或具有特殊的波浪狀葉緣、爪狀葉緣。葉片呈十字對生，葉面具有絨毛或白色粉末。

常見於春、夏季間。頂生花序，短聚繖花序開放在枝條頂梢，花梗長。筒狀或鐘狀花 5 瓣；三角形的花瓣長，花瓣末端微向外反捲；花瓣基部合生成筒狀；花黃色至橙紅色，下

熊童子 *Cotyledon tomentosa*
為本屬中最知名的品種。葉面上滿覆毛狀附屬物；葉片末端有爪狀葉緣。

福娘 *Cotyledon orbiculata*
全株及葉面上均滿覆白色粉末。葉片十字對生。

銀波錦 *Cotyledon undulata*
扁圓狀葉及特殊的波浪狀葉緣，外形狀似硨渠貝。

白眉 *Cotyledon orbiculata* 'Hakubi'
聚繖花序由莖頂開放。花梗長，筒狀花向下開放。

垂開放。花後經授粉結果後形成 5 瓣狀的蓇葖果，內含大量咖啡色細小種子。

目前在台灣的分類及學名使用上極為混亂，主因栽培業者及趣味玩家於引種時未加注意，導致現有學名紊亂。本屬中的福娘 *Cotyledon orbiculata* 及 銀 波 錦 *Cotyledon undulata* 兩大家，其最大差異在於葉序生長方式不同，前者以十字對生；後者以 40 ～ 60 度的方式對生。

栽培管理

對台灣的適應性亦佳，栽培管理容易，生長期為冬、春季至春、夏季之間，本屬植物葉片上常有白色粉末狀附屬物，雖然可以露天栽培，但雨季、夏、秋季進入休眠或生長停滯及緩慢時應適度節水管理，不宜接受雨水淋洗。光線以半日照至光照充足環境下最佳，有益於株型的維持及葉片上白色粉末及毛狀附屬物的表現。部分品種，如熊童子入夏管理，避免夜溫過高，可利用微環境的營造，於夜間增設通風設備等方式，以利越夏。視品種狀況建議每 1 ～ 3 年更新介質，汰換根系以利生長勢的維持。本屬植株多為肉質小灌木的型態，生長季時宜適度修剪，一來繁殖，二來有利於樹型的營造。

繁殖方式

扦插繁殖為主。常見剪取頂芽為插穗，於冬、春季為繁殖適期。

▲剪下熊童子頂芽後，待傷口晾乾或塗抹發根粉後，每個三寸盆約插入 3 ～ 5 株為原則，生產熊童子盆栽。

▲市售的熊童子三寸盆小盆栽。日夜溫差大及光照充足時，葉片末端的爪狀葉緣轉色，葉形像極了紅爪子的熊掌。

Cotyledon orbiculata
福娘

英文名	Pig's ear, Round-leafed navel-wort
繁　殖	頂芽或取嫩梢扦插為主

福娘原產自南非地區，喜好生長於乾旱的荒漠、草生地及矮灌叢處。全株含有 bufanolide 或一種稱為 cotyledontoxin 的毒素，對於家禽及羊、牛、馬及狗具有毒性。在原生地南非，福娘具特殊的民俗用途，用法為搗碎其多汁的肉質葉片，用於去除皮膚增生的疣或不明增生物；加熱後還能用於外傷的消炎。少量使用能作為體內的驅蟲劑，更具治療癲癇等功能，但在不明其成分及未經醫生指示下，還是請勿擅自使用。

喜好生長在排水良好及日照充足的環境，可粗放管理，適當修剪可增加側枝生長，讓植群更為壯觀，銀灰色或銀白色的葉色十分顯目，在庭園栽培時能成為角落裡的焦點。

▲福娘具有紅色或暗紫色葉緣。

▶光線不足時，福娘徒長的狀況明顯。

▌形態特徵

　　本屬下的品種或栽培品種，多小灌木狀的多年生植物，環境適宜時株高可達 1.3 公尺左右。葉形多變，短棒狀到長棒狀圓葉都有，所選拔出來的栽培品種也不少，在 *Cotyledon orbiculata* 學名之下，通稱為福娘的多肉植物真不少，常因引種來源未詳加標示，造成鑑別上的困難。常見葉色灰綠、葉片上覆有銀白色粉末，在光照充足時，葉緣處的紅色或暗紫色會更加明顯。花色以橙紅色系為主，花朵下開鐘形花，花序可達 60 公分長。

▲環境差異造成福娘葉形及株形的改變，日夜溫差大時，葉面的白色粉末物量多。

巧克力福娘 *Cotyledon orbiculata* sp.
葉緣帶有波浪狀的選拔栽培種。

乒乓福娘 *Cotyledon orbiculata* sp.
葉形更加圓潤的選拔栽培種。

Cotyledon orbiculata 'Fire Sticks'
引火棒

別　　名｜引火棍　（中國）

本種係由福娘中選拔出的栽培品種。

▌形態特徵

　　多年生肉質小灌木。葉對生、葉灰綠色或灰藍色；葉呈棍棒狀，葉緣及葉末端呈紅色。葉末端微向心部彎曲。

▲葉形似棒狀，末端扁平且具有暗紅色葉緣。

Cotyledon orbiculata 'Himemusume'
姬娘

異　　名｜*Cotyledon* 'Himemusume'

參考《希莉安の東京多肉植物日記》中的學名而來。極可能是日系自福娘族群中選拔出來的栽培品種。

▌形態特徵

　　披針狀的棒狀葉較狹長，外形與引火棒相似；成株後呈小灌木姿態，全株密布白色粉末。

▲成株呈老欉姿態。葉灰綠色，葉面白粉狀物質較多；葉末端較圓。

Cotyledon orbiculata 'Huisrivier Pass'
嫁入娘

福娘中選拔出的栽培品種。

▌形態特徵

　　多年生的肉質小灌木。葉對生，呈灰綠色，葉面覆有白色粉末；葉幅較寬，葉緣末端，近葉片 1 / 3 處具明顯的暗紅色葉緣；另有近似種，在台灣稱爲白娘娘，外觀相近，但葉緣末端不具暗紅色葉緣。

▲為葉幅較寬及葉質地較厚實的栽培種。

▶ 嫁入娘的花序頂生。

Cotyledon orbiculata sp.
棒葉福娘

本種係由福娘中選拔出的栽培品種。

▌形態特徵

　　多年生肉質小灌木。葉對生，呈灰綠色或灰藍色；長匙狀葉略呈棒狀，葉末端具有紅色葉緣。

▲葉片呈長匙狀。

Cotyledon orbiculata sp.
舞孃

別　　名	舞娘
繁　　殖	頂芽或取嫩梢扦插為主

中名可能沿用日文俗名而來。

▌形態特徵

　　同樣列在以福娘 *Cotyledon orbiculata* 學名之下的栽培種，外觀與森聖塔相似，為多年生肉質小灌木。葉綠色，葉片輪生為主要特徵。葉面上布滿毛狀附屬物；葉末端具有微波浪狀葉緣。栽培環境日照充足，日夜溫差大時，葉末端的紅色葉緣極為明顯。

▲葉片呈輪生狀排列，葉叢狀似蓮座花朵一般。

Cotyledon orbiculata var. *oblonga* 'Macrantha'
紅覆輪

為福娘中的一種變種。

▌形態特徵

　　較接近同屬中的銀波錦 *Cotyledon undulata*，葉序以 40 ～ 60 度的角度對生；在分類上仍有待定義。暫以《希莉安の東京多肉植物日記》中的學名表示。

▲為大型種，外形與白眉相似，但葉色較灰綠。

Cotyledon papillaris
森聖塔

英 文 名	Dwarf cotyledon
繁　殖	頂芽或取嫩梢扦插為主

引入台灣學名是否正確仍有待考據，以台灣常用學名表示。產自南非納米比亞及開普敦等地區。常見英名以 Dwarf Cotyledon 稱之，形容森聖塔在銀波錦屬中為株形矮小的一種。森聖塔之名應沿用日文俗名而來，亦因口誤稱為聖森塔等名。

▲森聖塔株形矮小，與舞孃相似，但葉對生。葉片不具有厚波浪狀葉緣。

▍形態特徵

　　本屬中株形矮小的品種，為小灌木狀多年生植物，外觀與福娘等相似，但葉片不具有白色粉末狀附屬物，全株被有絨毛，葉末端具尾尖。通稱為福娘的多肉植物不少，常因引種來源未詳加標示，造成鑑別上的困難。環境適宜時，葉末端具有鮮明的紅褐色葉緣。鐘形的橙紅花向下開放。花序短、不長，花期時於莖頂處抽出。

▶花序不長，僅開放在頂端。

Cotyledon pendens
銀之鈴

產自海南非開普敦東部,特蘭斯凱地區的
瓦巴什河岸,海拔約 300～400 公尺河
岸上的岩縫中(Bashe River in the Eastern
Cape [former Transkei region])。原生地年
雨量 1000～1250mm。2001 年於原生地
被採集到;2003 年才發表的新品種。種名
Pendens,形容其生長於懸崖岩縫中的習性
而來,與其近緣種 *Cotyledon woodii* 相似,
銀之鈴的枝條較柔軟且具半蔓性特徵,節間
較長。

▲銀之鈴葉片十字對生。

形態特徵

　　爲半蔓性的小灌木。蔓性枝條可生長到 60 公分左右。嫩莖色澤較綠,具有疏毛,成熟枝具有銀白色的蠟質粉末、無毛。卵圓形至橢圓形葉,具有尾尖。環境條件適當時,葉末端具有紅褐色葉緣。花橘紅色,5 瓣花基部略合生,形成筒狀或鐘形花,向下開放。

▲橙紅色的鐘形花。

▲為銀波錦屬中的蔓生小灌木。

Cotyledon tomemtosa ssp. *ladismithiensis*
子貓之爪

異　　名	*Cotyledon ladismithiensis*
英 文 名	Fuzzy bear's paw
繁　　殖	扦插為主

產自南非納米比亞地區。中名子貓之爪，沿
用日文俗名子貓の爪而來。以學名來說，
子貓之爪在分類上列為熊童子下的亞種，
特徵除了葉片較小，葉末端常具 3 出的突
起之外，其他性狀均與熊童子相似。部分
分類法將其提升為新種學名，以 *Cotyledon
ladismithiensis* 表示。

▲為熊童子中的亞種，但葉末
端的爪狀突起以 3 出為主。

▎形態特徵

　　與熊童子相似，但子貓之爪的枝條分枝性較佳，莖幹較粗狀強健，株高可達
一公尺左右。葉橢圓形或近似圓柱形，葉較偏黃綠色，全株具有毛狀附屬物。葉末
端的爪狀（齒狀）葉緣較不明顯，常以 3 出為主；而熊童子以 5 出較為多見。花期
集中在春、夏季，橘紅色的鐘形花，花序短開放在枝條頂梢。

▲子貓之爪的花序短，橘紅色的鐘形花向下
開放。

▲外形與栽培管理均與熊童子相似。

107

Cotyledon tomentosa
熊童子

英 文 名	Bear's paw, Kitten paw
繁　　殖	扦插繁殖為主；扦插後約 3 ～ 4 週左右發根成活。

原產自南非納米比亞地區。常見生長在日照充足的岩縫或石礫地區。熊童子越夏稍有困難，初學者栽培時應注意夏季要節水，並將植株移至通風陰涼處，以利越夏。生長期時可充分澆水，但仍不宜過量。居家栽培時應放置在光線充足的環境下為佳。

▲成片的熊童子，像熱烈拍手的小熊掌。

▌形態特徵

　　多年生小型肉質灌木或草本，株高可達 70 公分左右。褐色或黑色的老莖木質化；1 ～ 2 年生嫩莖則呈鮮綠色或灰綠色。葉形特殊有爪狀葉緣，圓匙狀葉於葉緣末端（前緣）有 3 ～ 10 突起，對生；著生毛狀附屬物。日照充足及日夜溫差大時會轉為紅褐色，狀似帶有紅爪子的小熊爪。花期常見在冬、春季，花序頂生。米黃色至橙色的筒狀花向下開放。

▲日照充足及日夜溫差大時，熊爪會轉色，紅褐色的爪與翠綠色的葉對比鮮明，更是好看。

▲與熊童子外形相似的子貓之爪。葉形較狹長，呈長匙狀或略呈棒狀，葉緣末端有 3 ～ 5 爪狀突起。

銀波錦屬

Cotyledon tomentosa 'Variegata'
熊童子錦

異　　名	*Cotyledon tomentosa* f. *variegate*	
英 文 名	Variegated cotyledon, Cub's paw	
繁　　殖	扦插為主	

由人為選拔出來的斑葉栽培種，極可能是體細胞具有嵌合體的變異而來。白斑品種稱為白斑熊童子（或白熊）。黃斑品種稱為黃斑熊童子（或黃熊）。兩者僅葉色不同；白熊斑葉以邊斑或覆輪方式表現；黃熊則多見以中斑的方式表現。栽培管理上以黃熊較易栽培；白熊對於環境的要求較為嚴苛一些。

銀波錦屬

▲二～三年生的白斑熊童子。

▍形態特徵

　　株高 30 ～ 50 公分的多年生小灌木，葉形與株形均與熊童子相似，為其斑葉變種。環境條件適宜時，葉末端的爪狀突起會有紅彩的表現。

▲白斑的表現，在單株上以白邊斑為主，植群裡部分會出現覆輪及全白葉現象。

▲在低溫期，具有白斑的葉片會略呈粉紅色澤。

◀二～三年生的
黃斑熊童子。

▲黃斑的表現以中斑型式為主，少見覆輪及
全黃葉的表現。

▲黃斑熊童子較白斑熊童子容易栽培一些。

Cotyledon undulata
銀波錦

英 文 名	Silver crown, Silver ruffles
繁　　殖	扦插為主

銀波錦早年歸納為福娘 *Cotyledon orbiculata* f. *undulata* 特殊型態（Froma; f.）的植株。後期將這一群同型態植群，提列成為一個種 *Cotyledon undulata*。對台灣氣候適應性佳，能夠越過夏天，更有資料提及銀波錦屬是本屬中栽培最廣泛的品種。另有近似種 —— 銀冠（極可能由英名 Silver crown 直譯而來），另指一群波浪狀葉緣較不顯著的個體，後來均歸納在 *Cotyledon undulata* 學名之下。

▲銀白色的蚌殼狀葉片很有特色。

▌形態特徵

　　株高約 50 公分的直立小灌木，分枝性較差，不易自莖基部發生側芽。葉呈 40 ～ 60 度的夾角對生，全株披覆銀白色蠟質粉末。倒卵形葉扁平，具有波浪狀葉緣因而狀似蚌殼，葉質地呈現出銀灰或灰藍的色調。花橘紅色至黃色系為主。

▲葉序以 40 ～ 60 度夾角對生，具有波浪狀葉緣。

▲成株株高約 50 ～ 60 公分之間。

Cotyledon undulata 'Variegata'
旭波之光

異　名	*Cotyledon undulata* hyb.
別　名	旭波錦

沿用台、日及中國常用的學名表示，將其歸納在成為銀波錦的斑葉變種來表示；異學名也有以銀波錦的雜交種方式表示。應是人為選拔出來的園藝栽培品種。

▌形態特徵

　　與銀波錦相似，同為直立性小灌木。扁平的倒卵形葉，同樣以 40 ～ 60 度夾角對生，全株披有銀白色蠟質粉末，但波浪狀葉緣較不明顯。

▲波浪狀葉緣較不明顯，葉中肋處末端具有尾尖。

◀為美麗的斑葉栽培種。

青鎖龍屬

Crassula

  又名肉葉草屬及玉樹屬。玉樹屬的別稱可能是因本屬中最著名多肉植物為翡翠木 Jade plant 而得名。本屬大約 200 種左右，株型大小差異極大，有株高達 180 公分的亞灌木，也有株高僅 3 ～ 5公分的多年生草本植物。廣泛分布於全世界，觀賞栽培用的品種主要分布於南非開普敦。

青鎖龍屬

葉片多肥厚、肉質。葉形因外觀差異大，呈卵圓形、三角形至近長披針形等。葉幾乎無柄或有不明顯的短葉柄；葉序排列緊密，葉片由上而下，以十字對生為主。部分品種葉片具有毛狀附屬物或白色蠟質粉末；部分品種葉片則光澤無毛。

▲火祭也是花市常見的品種，葉序呈十字對生。

花瓣與雄蕊數為 5。花白色或紅色；花型小，合生成圓球狀的花序於莖頂開放。

▲花市常見的品種，十字對生的葉子為本屬最典型的特徵。

▲翡翠是本屬中最著名的品種。

呂千繪
粉紅色小花形成圓球狀花序開放在莖頂。

都星
白色小花合生成球狀的花序開放在莖頂。

波尼亞
小花自葉腋開放，花白色，花瓣數5，雄蕊5。

質。以放置乾燥、陽光充足或半日照環境下栽培爲佳。夏季休眠或生長停滯的高溫期應注意通風，並提供部分遮蔭或避免陽光直接曝晒，利用通風的微環境協助越夏。於春、夏季或冬、春季的生長季節，應提供充足的光照；定期給水或略施少量肥料等管理都能有利於植群生長。

▲花月錦頂芽扦插生產的三寸盆小苗。

栽培管理

　　青鎖龍屬植物十分耐旱，能忍受長期乾旱，栽培時應注意太冷或太熱都會造成葉片的損傷或死亡，部分品種可耐低溫及霜凍。與其他多肉植物一樣，栽培首重疏鬆且排水良好的介

繁殖方式

　　以扦插爲主，多半採取莖插，繁殖以冬、春季爲適期。常見取頂芽進行扦插，視品種，將長約3～9公分的頂芽剪下後放置陰涼處，待傷口乾燥後再插入盆中即可。

Crassula ausensis ssp. *titanopsis*
火星兔子

繁　殖	播種及分株，但常以分株為主。

產自南非納米比亞南部地區。中名沿用台灣花市通用俗名。本種生長緩慢，耐旱性佳，雖為夏季生長型的品種，但在台灣盛夏時，仍需注意提供部分遮蔭，並移至通風處以利越夏。

▲葉面上疣點狀的突起著生短毛，葉尖處有紅彩。

▋形態特徵

　　為多年生叢生狀的小型多肉植物，叢生的植群直徑約 10 公分。莖短縮不明顯，植株常見伏貼於地面生長。肉質狀菱形小葉，葉面及葉緣上有疣點狀或乳突狀分布，疣點狀突起會著生短毛；具有橘紅色尾尖。台灣另有火星兔子原種，株型較大，葉面上的點狀物分布較少，葉淺綠色。花期秋、冬季，花序自葉腋間抽出，小花 5 瓣，花白色。

▲火星兔子為青鎖龍屬中外觀極具特色的品種。

火星兔子原種 *Crassula ausensis*
株型較大，葉色較淺，葉面上的疣點狀突起較不鮮明。

Crassula barbata
月光

| 英 文 名 | Bearded leaved crassula |
| 繁　殖 | 播種、分株 |

中名沿用中國花市常用俗名。原產自南非，廣泛分布在 South-western Great Karoo 及 Victoria West in the central karoo 等地區。常見生長在疏林或灌叢下方的岩屑地區。播種生長快速，外觀常呈毛球狀，台灣花市並不常見。

▲葉緣有特殊的毛狀物。

▌形態特徵

　　為一或二年生的肉質草本植物，株徑約 4 ～ 5 公分；開花時可達 15 ～ 30 公分。葉卵圓形，質地薄、光滑，對生或以螺旋狀抱合在短莖上；葉緣有大量的毛狀物。花期春季，花粉紅色或白色，小花呈筒狀花，於莖頂開花。花後單株死亡，基部能再萌發新生的側芽，延續下一代生長。

▶為一、二年生的肉質草本植物，所幸花後還能再自基部產生側芽。

青鎖龍屬

Crassula barklyi
玉椿

異　　名	*Crassula teres*
英 文 名	Bandaged finger, Rattlesnake buttons
繁　　殖	扦插

原產自南非開普敦北部地區，分布在海拔
50～500公尺山區，常見生長在石英或岩
屑的緩坡上。中名沿用日本俗名而來，又名
玉椿。英文名形容為綁了繃帶的手指或響尾
蛇狀的鈕扣，來描述它特殊的外觀。春、夏
及秋、冬季為生長期，可充分給水，但入夏
或入冬後則應注意維持通風乾燥的環境，以
利越夏。

▲玉椿宜栽植於透水良好的介質中。

▌形態特徵

　　成株後易倒伏，再自基部產生大量側芽，形成叢生狀，株高為5～8公分左右。
三角形近圓錐形的葉質地較薄，緊密對生抱合於短莖上，有半透的葉緣；葉光滑，
葉面上滿布暗綠色斑點。花序開放在莖頂，花白色，具香氣，需異花才能授粉產生
種子。台灣並不常見開花。

▲葉光滑有暗綠色斑點。

▲有半透明或白色的薄質葉緣。

Crassula browniana
波尼亞

異　　名	*Crassula expansa* ssp. Fragilis
英 文 名	Fragile crassula
別　　名	扦插為主。剪取帶 3～5 節的頂芽,

待傷口乾燥後扦插。

青鎖龍屬

中文名音譯自種名 browniana 而來。本種枝條纖細易斷裂，英名 Fragile crassula，可譯為易碎的景天。原產自南非坦尚尼亞至馬達加斯加等地。台灣生性強健，繁殖容易，栽培管理粗放。半蔓性的枝條及株型適合作為地被栽植。組合盆栽時為極佳的襯草（配角植物），可柔化作品增加律動感。

▲ 波尼亞外觀十分細緻，對光度的適應性佳，半陰環境下生長，節間呈較長的姿態。

形態特徵

　　為小型的多年生草本，半蔓性，植群常叢生成墊狀。莖暗紅色呈細柱狀，纖細易斷裂。卵圓形葉對生；葉片上滿布細毛。光線充足時植物葉片排列較為緊密，葉色偏黃。花期冬、春季。花白色，花瓣 5 片。

▲栽培在光線充足環境下葉形較小，節間充實的形態。

▲白花型小，於冬、春季開放，盛開時像一朵朵小星星在閃亮。

Crassula 'Buddha's Temple'
方塔

<table>
<tr><td>異　　名</td><td>*Crassula* cv. Buddha's Temple</td></tr>
<tr><td>英 文 名</td><td>Buddha's temple</td></tr>
<tr><td>別　　名</td><td>佛塔</td></tr>
<tr><td>繁　　殖</td><td>扦插</td></tr>
</table>

青鎖龍屬

中名沿用中國常用俗名，因十字對生的特性，形成方柱狀排列而得名。為雜交選育栽培種。親本可能為綠塔與神刀 *Crassula pyramidalis* × *Crassula perfoliata* v. *falcata* （or var. *minor*） 的雜交後代，於 1959 年育成。

▲成株後，基部易增生側芽，可以利用側芽扦插繁殖。

形態特徵

　　株高可達 15 公分左右；莖短縮不明顯，成株後易自基部產生側芽，形成群生狀態。灰綠色或灰白色的三角形葉十字對生，像鱗片般抱合在短莖上，葉末端微向生長點彎曲，具有微波浪狀葉緣，葉面滿覆短毛狀附屬物。花期不定，簇生狀的花序在莖頂上開花。花苞紅色，綻放時呈粉紅色，但不易觀察到花開，只在特殊環境條件下才會開花。

◀方塔為著名的雜交種，葉片像鱗片狀抱合於短莖上，狀似小方柱而得名

Crassula capitella
茜之塔

異　　名	*Crassula capitella* var. *thyrsiflora*
英文名	Sharks tooth crassula
繁　　殖	剪取嫩莖頂端 3～5 公分為插穗，待傷口乾燥後再插入介質中即可。

中名應沿用自日名。原產自南非。生長強健，栽培容易，為花市常見的品種。葉形奇趣，茜之塔的葉片像十字狀的飛鏢，堆疊而生。英名以 Sharks tooth 鯊魚牙齒來形容。另有錦斑品種茜之塔錦 *Crassula capitella*。

青鎖龍屬

形態特徵

植株矮小，株高約 5～8 公分。寶塔狀的株型略叢生，平貼於地表或略匍匐狀生長，族群直徑可達 10～12 公分。葉呈心形、長三角形，無柄，基部交疊；葉序向上生長，呈十字對生。葉色濃綠，具有細鋸齒狀葉緣。

▲十字對生的葉片很有趣。具有白色的細鋸齒狀葉緣。光線充足時葉片平展，向上堆疊；光線不足時葉片會向上生長。

▲花小呈白色，圓錐狀的聚繖花序開放於莖部頂端。

茜之塔錦 *Crassula capitella* ‘Variegata’
錦斑於冬、春季表現較為明顯。

Crassula capitella
火祭

異　　名	*Crassula capitella* 'Campfire'/
	Crassula erosula 'Campfire'
英 文 名	Campfire crassula
別　　名	秋火蓮
繁　　殖	以冬、春季為適期，剪取頂梢 5～
	8公分插穗，待傷口乾燥後再插入乾淨介質中即可。

原生自南非。本種應經由園藝選拔出的栽培品種，部分資料上與茜之塔 *capitella* 學名互用。

火祭錦 *Crassula capitella* 'Campfire' variegated 又名火祭之光。

▌形態特徵

　　根莖短、根系粗壯，常呈叢生狀。葉片長橢圓形，葉序排列緊密，以十字對生的方式生長；葉片上具有毛點。於冬、春季生長期間日照充足、溫差大時，葉色豔麗、鮮紅如火；若光線較不充足，葉片會轉為綠色或黃色。花期為冬、春季，花白色或乳黃色；聚繖花序自植株頂端開放。

▲多年生的火祭；呈地被的叢生狀植株。

▲台灣平地栽植的火祭常轉色不全，若栽植於日夜溫差大的環境下葉色會更為鮮紅。

Crassula deceptor
稚兒姿

繁　殖｜葉插、頂芽扦插

中名應沿用日文俗名而來。原產南非 Namaqualand 及開普敦等地區。耐乾旱但喜好通風涼爽環境，可栽培在半日照及光線明亮處，雖資料上列為夏型種，但不耐夏季酷熱也不耐寒。於台灣盛夏時，會有生長緩慢或休眠現象；越夏時宜保持乾燥，於夜間增加通風設備，營造低夜溫的微環境。

青鎖龍屬

▲春、夏或冬、春季環境適宜、水分充足時，生長旺盛的稚兒姿。

形態特徵

　　株高可達 15 公分，本種不易增生側芽，為 unbranched stem 的品種。三角狀的葉約 1～2 公分，肉質肥厚、互生抱合於短莖上。葉背中肋隆起，葉面狀似犀牛皮，粗糙且有顆粒狀凸起，葉覆白色粉末。花期不定，僅生長環境適合才會開花。小花白色，頂生花序開放於莖頂。需異花授粉才能產生種子。

◀水分較缺乏時，稚兒姿葉片有如皮革般的質地。

123

Crassula 'Moon glow'
紀之川

青鎖龍屬

| 繁　殖 | 葉插及頂芽扦插 |

中名應沿用自和名。為 1950 年代左右，由美國以稚兒姿 × 神刀（*Crassula deceptor* × *Crassula falcata*）為親本育成的雜交後代。植株外觀以叢生或柱狀為主。喜好充足光線，可栽植於窗邊。選擇介質排水性佳較易栽培。生長期間可施用少許緩效性肥以利生長。

形態特徵

　　葉灰綠色或淺綠色，三角形、肉質的葉片，十字對生向上交疊構成柱狀的植物體外觀。葉片上具有短又緻密的銀灰色毛狀物。

▲市售的紀之川小盆栽，為頂芽扦插生產的商品。

Crassula deltoidea
白鷺

| 繁　　殖 | 扦插 |

產自南非納米比亞、卡魯等地區。常見以單株生長在開放的乾旱礫石地，株型與棲地周圍的石礫相似，植群能融入在自然環境的背景裡，具有擬態特性。乳白色的花具有蜜汁，可吸引蛾類授粉。

▌形態特徵

生長緩慢，需栽種數年後才會開花，在 ▲葉白色，葉面上具有色的小點。
原生地至少需生長 5 ～ 7 年的成株才具備開
花能力。外型獨特、株型矮小的多年生肉質草本，適合用盆植欣賞。株高約 5 ～ 8 公分左右，最高也不及 10 公分。葉形變化大，有長三角、匙形或菱形等葉片，葉無柄，葉序排列緊密，以交互對生方式生長。葉白色，葉面具小形凹點。花期冬、春季，花白色，花序開放在莖部頂端；花後會結果，蒴果小，內含黑色細小如塵的種子，成熟後開裂藉由風力傳播。

◀白鷺的葉肥厚，長三角形葉片交互而生。

Crassula exilis
花簪

別　　名	乙姬
繁　　殖	取嫩莖扦插或以分株方式皆可

產自南非開普敦東北部地區，常見生長在乾旱地區或壁面岩石縫隙間。種名 exilis 源自於拉丁文，英文字意有 small, delicate, meager and of weak appearance 等。中文可譯為小巧精緻及外觀纖細等意思，說明本種具有迷你及秀氣的外觀。

形態特徵

爲多年生的肉質草本地被植物，外觀呈叢生狀。披針狀、長卵形或匙狀的單葉，十字互生或近輪生方式著生於枝條上。葉灰綠色；葉背紅色或紫紅色，葉表具深色的墨綠色或紅褐色斑點，有絨毛狀葉緣。花期冬、春季，花粉紅色，聚繖花序具白色柔毛，開放在枝條頂端。

▲葉片互生或近輪生方式著生在具匍匐性的枝條上；葉表有深色斑點。

▶叢生狀的花簪雖然外觀很秀氣，但其實生長強健，對環境的耐受性佳。

Crassula falcate
神刀

異　名	*Crassula perfoliata* var. *falcate*
英 文 名	Propeller plant, Scarlet paintbrush, Airplane plant
別　名	尖刀
繁　殖	扦插為主。適期以春、夏季間行葉插或莖插。

原產自南非。原為 *Crassula perfoliata* 下的一個變種（variety; var.），之後以變種名提升為種。本種生長緩慢，喜好溫暖乾燥環境，空氣濕度較高時易得鏽病及灰霉病等真菌性病害，於春、夏季濕度較高的季節，可噴布殺菌劑預防。對光線的適應性廣，全日照、半陰處或光線明亮處皆可栽培。

▲神刀的葉形奇趣，鐮刀狀葉片互生，基部互相交疊，葉片向上堆疊生長。

形態特徵

　　株高 50 ～ 60 公分，最高可達 1 ～ 1.2 公尺，生長緩慢略呈灌木狀。葉灰白色或灰綠色，呈鐮刀狀，葉片基部會互相交疊而生。花期夏、秋季；花序頂生，花紅色。

▶台灣春、夏季期間，濕度高的季節應適時噴布殺菌劑，以預防真菌性的病害。

Crassula 'Morgan Beauty'
呂千繪

青鎖龍屬

別　　名	赤花呂千繪
繁　　殖	扦插繁殖

中名沿用日本俗名而來。為神刀×都星（*Crassula falcata*×*Crassula mesembryanthemopsis*）雜交選育出來的栽培品種。本種與其親本神刀及都星，葉片都易發生鏽色的斑點，尤其濕度高時易遭病菌感染，於好發季節除適時噴布殺菌劑控制外，應將植栽放置於光線充足及通風良好的地方，有益於生長。

▲紅色花序具良好觀賞價值。

▍形態特徵

　　為多年生的肉質草本植物，株型兼具神刀與都星的外型。株高約 10～15 公分。葉灰綠色，略呈圓形，葉面粗糙，葉表有白色粉末。花期春、夏季，小花略呈筒狀，花紅色；圓球狀的聚繖花序開放於莖頂。

◀頂生花序於莖頂抽出。

Crassula hemisphaerica
巴

異　名	*Crassula alooides*	
繁　殖	可葉插或自基部分株新生側芽。	

原產自南非，原生地常見生長在乾燥的灌叢下方。株高 5 ～ 15 公分，為常綠多年生肉質草本植物。冬、春季為主要生長期。入夏後會進入休眠；宜保持通風及略遮蔭，並減少澆水次數以協助越夏。秋涼後開始生長，澆水以介質乾透後再澆水為原則。

▲巴的葉序以十字對生為主。

青鎖龍屬

形態特徵

　　具短莖，半圓形葉肉質，上下交疊呈十字對生。葉綠色具光澤，葉面略粗糙，具有密生小突起。葉緣白，實為白色毛狀附屬物。基部易生側芽。花期春、夏季，異株授粉，自花不易產生種子。聚繖花序，花白色，於莖頂處開放。

▲葉緣白，為白色毛狀附屬物所構成。

◀白色小花聚合成聚繖花序，開放在莖頂。

Crassula 'Ivory Pagoda'
象牙塔

繁　殖 ｜ 扦插、分株

人為選拔出來的栽培種。中名譯自栽培種名
'Ivory Pagoda'。台灣花市流通的品種可栽培
在半日照及光線充足環境下，但入夏後仍要
保持環境乾燥、通風，以利越夏；高溫及高
濕環境下易發生鏽斑，可於好發期噴布殺菌
劑預防，或保持環境乾燥及通風也可減少鏽
斑的發生。

▍形態特徵

　　株高可達 15 公分以上。具短直立莖，
易自基部產生側芽，成株後呈叢生。扁圓
形葉質地厚實，葉片夾角 40 ～ 60 度對
生，緊密排列於短莖上。波浪狀葉緣具毛
狀物。葉背及葉面均滿覆白色短毛狀附屬
物，但葉面較多。花期夏季。

▲象牙塔具有微波浪狀葉緣。

◀光線充足下，
株型及葉序排列
緊緻，成株後易
自基部產生側芽
呈叢生狀。

Crassula lanuginosa var. *pachystemon* 'David'
大衛

繁　殖 ｜ 繁殖、扦插

中文名譯自栽培種名 'David' 而來。原種
Crassula lanuginosa 產自南非及納米比亞等
地區，為近年引入青鎖龍屬的栽培種。光線
不足時易徒長，節間拉長。入夏時宜保持環
境通風涼爽以利越夏，秋涼後或天氣轉涼
時，可取其頂芽重新扦插繁殖。

形態特徵

　　為地被狀的多年生肉質草本植物。綠
蔓生莖，肉質的卵圓形小葉，以 40 ～ 60
度夾角對生，具光澤。葉緣有毛狀物，對
生於莖節上，葉片基部抱合於莖節上。

青鎖龍屬

▲植株低矮，枝條具匍匐性，呈地被狀生長。

▲對生葉呈夾角對生，葉覆有短毛。

Crassula mesembryanthemopsis
都星

繁　殖 | 種子、扦插、分株繁殖

原產自南非及納米比亞等地。

形態特徵

　　生長緩慢，爲多年生小型肉質草本植物。株高約 2.5 公分。葉片對生，葉序緻密狀似輪生，灰綠色的葉片長約 1 ～ 2 公分；寬 0.3 ～ 0.6 公分；葉面上具凸起顆粒。花期冬、春季，小花筒狀，花白色，簇生狀的聚繖花序開放於莖頂；花具有香氣。

▲ 6 片花瓣基部略合生成筒狀。花萼上具毛狀附屬物。簇生狀的小白花具有宜人香氣。

▲葉片上易發生鏽色斑點，宜使用殺菌劑噴布防治，並放置於通風處以減少病斑的產生。

Crassula mesembryanthoides
銀箭

別　　名	銀針（中國）
繁　　殖	扦插

中名沿用台灣花市常用俗名。原產自南非
Great Namaqualand 地區。生性強健，對台
灣氣候適應性佳，栽培管理及越夏容易，但
夏季仍需注意保持通風和乾燥，高濕和高
溫環境不利於生長。日夜溫差大及光照充
足時，葉形會更加短胖，葉末端尾尖處會
轉為褐色或橙紅色。外觀與佐保姬 *Crassula
mesembryanthoides* ssp. *hispida* 相似，但葉
形狹長、株型更為碩大。

▲小株時，成對叢生的葉子很好看。

▍形態特徵

　　為多年生小灌木，成株呈樹型或小灌木狀，株高可達 50 公分，莖幹基部木質
化。綠色肉質三角形葉呈紡錘狀或近錐狀，對生於莖節上，葉末端微向生長點彎曲。
葉面上具白色短毛狀附屬物。花期夏、秋季，花莖於莖頂上抽出開花。

▲銀白色的短毛與翠綠色的葉恰成對比。

▲銀箭為台灣花市常見的品種。

Crassula mesembryanthoides ssp. *hispida*
佐保姬

別　　名	銀狐之尾、長葉銀箭（中國）
繁　　殖	扦插

中名沿用日本俗名而來。銀箭族群中某些特徵形態略有不同的族群，以亞種 hispida 表示。

▌形態特徵

外形與銀箭相似，但株形較大，顏色較淺，葉形較狹長，呈長錐狀；銀箭則呈短錐狀或紡錘形，葉身較渾圓。佐保姬下位葉會向外開張，與銀箭向生長點或心部彎曲不同。

▲佐保姬的葉形為長錐狀，且下位葉會向外開張，與銀箭向生長點或心部彎曲不同。

▲葉無柄，葉面覆有短毛；葉基狀似抱合於莖節上。

Crassula muscosa
青鎖龍

英 文 名｜Watch chain, Princess pine, Lizard's tail, Zipper plant, Toy cypress, Rattail crassula, Clubmoss crassula

繁　　殖｜莖枝斷裂後易萌發不定根，剪取頂梢 3～5 公分扦插即可。如不扦插，僅將枝條橫放於排水良好的介質表面，亦能發根成活。

產自非洲納米比亞。外觀與近似種若綠十分相似，常見共用學名，若綠 var. *muscosa* 或以 *Crassula muscosa* 'purpusii' 表示，可能為其變種或是選拔出來的栽培種。另有大型若綠 *Crassula muscosa* 'Major' 的栽培品種，部分資料將若綠與青鎖龍兩者的中文名稱混用。英文俗名則統稱為 Toy cypress，形容它們對生的葉序與龍柏相近而得名。

▲大型青鎖龍，枝條約 0.5 公分以上；枝條較硬挺，直立狀生長。

▋形態特徵

不論是青鎖龍或若綠，均為多年生肉質亞灌木，易自莖基部萌發新生的側枝，成株時易成為叢生狀外觀。枝條上均緊密排列，三角形的鱗片葉以對生方式排列，但青鎖龍葉片排列整齊，且三角形的鱗片葉葉色較深；而若綠則排列較鬆散，葉色較淺。整體而言這類群的植物，莖枝外觀具 4 稜排列緻密的葉片。花期冬、春季，花極小、不明顯，開放在三角形的鱗片葉腋間。

▲青鎖龍，株型較大具鱗片葉排列緻密；姿態較柔軟，枝條約 0.5 公分以下。

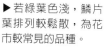

▶若綠葉色淺，鱗片葉排列較鬆散，為花市較常見的品種。

青鎖龍屬

Crassula ovata
翡翠木

英 文 名	Jade plant, Friendship tree, Lucky plant, Money tree
別 名	花月、玉樹、發財樹
繁 殖	常見剪取頂生枝條一段,待傷口乾燥後扦插,以冬、春季為扦插適期。

原生於南非,為常綠的肉質灌木或亞灌木。株高可達 90 公分。台灣 50 ～ 60 年代,常見在對生的肉質葉片上結上紅蝴蝶綴飾,以發財樹之名盛行栽培過一陣子。因橢圓形的葉片肥厚、具光澤,狀似玉得名 Jade plant;中名譯為翡翠木。性耐旱,可待介質乾燥後再澆水。喜好生長光線充足及空氣流通的環境。經由光度的馴化,可栽培於室內或光線明亮處;但光照不足時不易開花。環境不適時,過熱或太乾燥會以落葉的方式減少水分散失。

▲翡翠木的葉片具紅色葉緣。

▌形態特徵

　　嫩莖呈紅褐色;基部木質化後呈灰褐色。單葉對生橢圓形至卵形葉。葉全緣,質地肥厚,葉色濃綠具光澤。葉緣紅褐色;不具托葉,葉柄短而不明顯。花期冬、春季,聚繖花序於枝條頂端開放,花白色,花瓣 5 片。

▲橢圓形至圓形的肉質葉對生,具光澤。

Crassula ovata 'Gollum'
筒葉花月

別 　 名	史瑞克耳朵
繁 　 殖	扦插

在台灣花市，因筒葉花月的葉形奇趣，又名史瑞克耳朵，形容其奇特的葉形。

▲仍保留紅色葉緣的特徵。

Crassula ovata 'Himekagetsu'
姬花月

繁 　 殖	扦插

本種為日系選拔之栽培種。株型矮小及葉色鮮紅品種。若栽培環境光照充足且日夜溫差大時，鮮紅的葉色會表現更佳。

▲為小型種，株型迷你，葉呈橄欖綠色。

Crassula ovata 'Variegata'
花月錦

繁　殖｜扦插

為花月葉片具有錦斑變異的品種；如同時具
有紅色及黃色的錦斑變異品種，稱為三色花
月錦 *Crassula ovata* 'Tricolor'。

▲為金黃葉色的變
異品種。

櫻花月 *Crassula ovata* 'Obliqua'
為黃色錦斑變異品種。具有季節錦的特性，於
涼爽低溫的生長季節，新芽錦斑表現明顯；進
入休眠或生長停滯的高溫季節，錦斑會轉回綠
色。

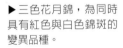
▶三色花月錦，為同時
具有紅色與白色錦斑的
變異品種。

Crassula perforata
星乙女

異　名	*Crassula marnieriana*
英文名	Baby nacklace, Necklace vine, String of buttons, Rosary plant, Sosaties, Bead vine
別　名	南十字星
繁　殖	除剪取頂梢 3～5 公分長的枝條進行扦插外，也可剪取帶一對葉片的單節扦插。

原產自非洲南部、南非北部及開普敦的東部等地區。相對於生長緩慢的品種來說，星乙女算是生長快速的品種。光線充足及日夜溫差較大時，葉片會出現暗紅色葉緣及斑點。英名 String of buttons 或 Necklace vine，譯為一串鈕扣或項鏈藤。

▲對生葉無柄，葉片抱合於莖節上，葉覆有白粉及不規則的斑點分布。

▌形態特徵

　　多年生肉質草本或灌木狀，株高可達 50～60 公分。莖直立，葉片呈灰綠色的三角形肉質，具有白色蠟質粉末，葉緣具有細鋸齒狀，以對生且基部合生的方式排列在枝條上。花期春季，但開放時間較不整齊，花黃色；花序開放在枝條頂梢。另有錦斑品種，稱為星乙女錦或南十字星。

▲黃色小花合生的花序，頂生於枝條。

星乙女錦 *Crassula perforata* 'Variegata'
冬、春季生長期時，錦斑表現較佳。

139

Crassula pruinosa
普諾莎

異　　名	*Crassula scabra* var. *minor*
繁　　殖	扦插為主。也可以撿取掉落盆緣處的小枝，平鋪在裝好介質的 3 寸盆表面，充分澆水後，待小枝生根後繁殖。

中名音譯種名而來，稱普諾沙或普露諾沙。原產自南非開普敦地區自然保護區。為冬季生長的多肉植物，外觀與枝條型番杏科植物相似。短棒狀小葉覆有白粉。對台灣氣候適應性佳，生長期應充分給水。本種的小枝片段極容易斷落，小枝落地後能快速發根，擴張族群。但入夏後應放置於通風處，適度的遮蔭協助越夏。

▲普諾沙叢生狀的小灌木與枝條型的番杏科多肉植物相似。

Crassula pyramidalis var. *compactus*
達摩綠塔

異　　名	*Crassula pyramidalis*
英 文 名	Pagoda mini jade

中名沿用日文俗名ダルマ綠塔。喜好生長在乾燥的岩屑地或沙地環境。種名 pyramidalis 即 pyramid-shaped，意為塔狀或金字塔狀，形容本種錐形小葉向上堆疊的外觀。但達摩綠塔為株型矮小及葉序排列更緻密的變種，因而冠以達摩之名；在學名上表示上則加註變種（variety, var.）後加上 compactus 方式表示，形容這樣特殊的外觀。其原種為方塔 *Crassula* 'Buddah's Temple' 的親本。

▲錐形小葉抱合於莖節上，以十字對生方式排列並向上堆疊。本種易自基部增生側芽，於冬、春季生長期間進行分株繁殖即可。

Crassula remota
星公主

繁　殖｜扦插

原產自南非。中名沿用日文俗名星公主。台灣花市常稱為小銀箭或姬銀箭，但與銀箭外觀有差異。中國稱本種為雪絨。易徒長，光照一旦不足，節間易拉長。絨毛狀的葉面於高溫高濕季節易發生鏽斑。入夏後宜保持乾燥通風，可減少病害發生，也有利於越夏。

▲喜好光照充足環境，光不足易徒長。

青鎖龍屬

▌形態特徵

地被型草本多肉植物，成株後易匍匐狀貼於地面上生長。灰綠色的扁圓形或卵圓形肉質小葉，以 40 ～ 60 度夾角對生於蔓生莖節上。葉面覆有短毛狀附屬物。

▲成株為蔓生狀的地被植物。

▲扁圓形的小葉，以 40 ～ 60 度夾角對生於蔓生莖上。葉面有毛。

Crassula rogersii
小圓刀

英文名	Propeller plant
別　名	若歌詩
繁　殖	扦插

中名沿用台灣花市俗名。可能因葉形的關係
稱做小圓刀；又名若歌詩，可能由種名音譯
而來。英名 Proleller plant，可譯成螺旋槳植
物。原產自南非東開普敦地區。國外常用於
岩石花園（Rock garden）的地被植物使用。
本種耐旱性佳，在台灣越夏也不困難，雖為
冬季生長品種，夏季也需要定期給水以利生
長。與神刀一樣在台灣可能環境濕度較高的
關係，葉面上常有鏽病的褐黃色病斑。於好
發病的高濕季節，建議定期噴布殺菌劑或移
置通風處預防。

▲小圓刀長成地被狀，綠油油的
葉色與毛絨絨的質地很好看。

形態特徵

　　多年生肉質小灌木，莖幹易木質化。
光線不足時，會呈現半蔓性的姿態，株形
較不挺立。肉質的卵圓形小葉覆有絨毛，
光照充足時具有暗紅色葉緣，對生於莖節
上。花期春、夏季之間，花序開放在枝條
頂端。

▲野放露養的小圓刀盆栽。

Crassula rupestris
博星

英 文 名	Bead vine, Rosary plant, Sosaties
繁 殖	扦插

中名沿用自日本俗名而來，原產南非乾燥地區，在 1700 年左右引入英國及歐洲，廣泛栽培在溫室及庭園中。種名 rupestris 英文字意為 rock-loving，形容本種喜好生長在乾燥的石礫或岩屑地環境。本種內有許多亞種（subspecies, ssp.）及型態（froms, f.）。另有偏黃具紅色葉緣等不同葉色的品種，如愛星 *Crassula rupestris* f. 或與中國以種名音譯稱沙地葡萄的品種較為接近。博星於原生地為蜂類的蜜源植物，藉由蜜蜂及部分蛾類授粉，可產生大量細小種子。

▲人工栽培環境下，紅色葉緣不鮮明。葉緣光滑，不具有細鋸齒狀葉緣。

▌形態特徵

多年生肉質草本，外型與星乙女相似，但葉質地厚實。葉呈三角形至卵圓狀，但葉形較狹長，葉淺綠色不具紅色葉緣。葉片中間部分較白，看似具有綠色葉緣，但在原生地氣候條件下，博星具有紅色葉緣；在人工栽培環境下紅色葉緣的特徵較不明顯。

▲與其他相似種如星乙女比較，博星葉質厚實，為鑑別的特徵之一。

Crassula rupestris ssp. *marnieriana*
數珠星

青鎖龍屬

| 異　　名 | *Crassula marnieriana / Crassula* |

‘Baby Nacklace’

| 英 文 名 | Jade necklace |

| 繁　　殖 | 扦插繁殖適期為冬、春季。剪取頂 |

端枝條扦插繁殖外，和星乙女、博星及小米星

等，可以剪取單節，帶一對葉片的方式扦插。

▲數珠星葉片圓潤，葉幅較寬，成株後因枝條生長而略呈匍匐狀。

中國稱為串錢景天；台灣花友常以烤肉串戲稱。部分分類上認為是博星的亞種，亦有以栽培種 *Crassula* ‘Baby Nacklace’ 表示。兩者外觀相似，與小米一樣視為雜交選育出來的栽培種，親本為博星與星乙女（*Crassula rupestris* × *Crassula peforata*）雜交出來的後代。數珠星可能是由日本再進行選拔出來的栽培種，亦稱為姬壽玉。

▌形態特徵

　　成株時，株高可達 30 ～ 50 公分。外型與小米星相似，但株高較高，枝條易因莖生長呈現匍匐狀。厚實的葉片以十字對生的葉堆疊，排列更爲緻密，葉形較爲渾圓狀似念珠，英名以 Jade necklace 稱之。圓形或卵圓形葉片，葉無柄，對生且基部合生，葉片上下交疊著生於枝條上。花期春季，花白色，花序開放在枝條頂端。

▲繁殖適期可以單節扦插方式大量繁殖。

Crassula rupestris 'Tom Thumb'
小米星

異　　名	*Crassula* 'Tom Thumb'	
繁　　殖	扦插	

小米星為博星與數珠星（*Crassula rupestris* × *Crassula marnieriana*）雜交後選育出來的栽培種。

▲小米星因葉形的關係葉末端較為尖銳。

形態特徵

　　成株高約 20 公分左右。株型直立，不因枝條生長呈現匍匐狀。莖直立易生側枝，形成腋生外觀，像是縮小版的星乙女或博星。三角形或卵圓形的葉片，無柄，對生且基部合生，葉片上下交疊著生於枝條上。冬季光線充足日夜溫差大時，紅色葉緣表現鮮明。花期春季，花白色具香氣。

▲細看小米星十字對生的葉片，葉形較長具有紅色緣。

小米星錦 *Crassula rupestris* 'Tom Thumb' variegated
為白色錦斑的變異。

青鎖龍屬

145

Crassula sarmentosa 'Variegata'
錦乙女

英 文 名	Showy trailing jade
別　　名	長莖景天錦、彩鳳凰、錦星花
繁　　殖	扦插為主，可取頂芽 3～5 節，長度約 5～6 公分插穗，待傷口乾燥後扦插即可，以冬、春季為繁殖適期。

栽培時常見因返祖現象，還原失去錦斑的綠葉枝條，需適時修剪，避免全綠葉的枝條生長迅速，替代掉具有斑葉的枝條。對台灣氣候適應性佳，生長強健，明亮的葉色極具觀賞價值。冬、春季為生長適期，光線充足時莖節較短，葉色表現良好。不耐低溫，應栽培在 5℃以上環境為佳。

▲葉對生，星形小花，花瓣 5 枚；花序於莖頂開放，是青鎖龍屬的特徵之一。

▌形態特徵

　　莖呈紅褐色。葉肉質、光滑，卵圓形葉對生。葉基圓，葉末端漸尖，具短柄。葉片具有細鋸齒緣，呈綠色；斑葉品種為黃、綠色相間。花期冬季，繖形花序，花白色。

▲冬季光線充足或全日照下，錦乙女葉片厚實且具光澤，為花市常見具有錦斑變異的栽培種。

Crassula setulosa
夢巴

繁　　殖	以側芽分株；或剪取對生的葉片進行葉插。

原產自南非開普敦東方及南方，海拔約 600 公尺地區。常見生長在乾燥的石礫地及壁面的岩石縫隙裡，以地理區隔的方式避免動物取食。外觀是放大版的花簪，雖易生側芽，但不似花簪植群呈現叢生狀，且花簪葉片為光滑無毛。

▲灰綠或橄欖綠的葉色與花簪相似。夏季休眠時，應節水並移置陰涼處栽培。

形態特徵

株高約 5 ～ 10 公分，花開時株高可達 25 公分。葉長卵形或卵形，十字對生，與多數青鎖龍屬植物一樣，外觀呈飛鏢狀。葉灰綠色或橄欖綠色，具毛狀葉緣。葉片具深色凹點，質地粗糙，著生短毛。花期多、春季，小花直徑約 0.3 公分，花白色，5 片花瓣略合生呈筒狀；聚繖花序開放在莖梢頂端。

▲二種不同型態夢巴的生長狀態比較。

▲葉形圓潤的個體。本種易自基部產生側芽。

Crassula 'Shinrei'
神麗

青鎖龍屬

繁　殖	扦插

為雜交選育的栽培種。中名沿用日本俗
名而來。麗人 *Crassula columnaris* 其中之
一 的 親 本（*Crassula perfoliata*×*Crassula
columnaris*）的雜交後代。越夏時需注意低
夜溫的營造，並保持環境的通風乾燥，以協
助越夏。

▌形態特徵

　　短直立莖。錐狀肉質葉，葉形較為圓
潤，對生抱合於莖節上，葉末端略有尾尖
及中肋微凸起，具波浪狀葉緣，葉面上有
毛狀附屬物。台灣不常觀察到開花現象。

▲葉面上覆有短毛狀附屬物。

◀具微波浪狀葉緣，
短莖葉片抱合的外觀
很特殊。

148

Crassula sp. Transvaal, Drakensberg
毛海星

別　　名	綠毛星
繁　　殖	扦插，繁殖適期為冬、春季之間，可剪取頂芽扦插。

中文名沿用自台灣花市俗稱，因其外觀狀似海星。本屬在分類上目前並末有正式學名，僅給予品種 Species，常見以英文字 sp. 表示。但本種學名後常標註其產地（Transvaal, Drakensberg）。產地名在英文字意為 Dragon mountain，位於南非東開普敦南部，約海拔 1000 公尺山區。本種對於台灣氣候適應性佳，在平地越夏也不難；建議可用淺盤或淺缽栽植，易生成地被狀的姿態。

▲毛海星盛開時的樣子。

青鎖龍屬

形態特徵

　　為多年生半蔓性肉質草本植物。三角形至長卵圓形的小葉，輪生在綠色莖節上。花期於春、夏季之間；花序自頂端開放；花梗上有毛；花序由白色 5 瓣的星形小花構成。

▲ 5 瓣狀的白色星形小花，開放在花序頂端。

▲對台灣氣候適應性佳，栽培良好時可形成綠色地被。

Crassula tecta
小夜衣

英 文 名	Lizard skin crassula
繁　殖	葉插、分株及胴切去除頂芽後，促進側芽發生，再剪取側芽扦插繁殖。

原產自南非開普敦一帶。小夜衣中名應沿用自日本俗名。因本種葉表具有特殊細顆粒感紋理，可能狀似蜥蜴表皮，因此英名以 Lizared skin crassula 稱之。

▍形態特徵

　　為多年生的肉質草本植物，成株後易形成叢生姿態。株高約 5 ～ 6 公分，花開時，包含花序長度株高可達 15 公分。灰綠色的葉肥厚、無柄，呈卵圓形，葉序排列緊密，呈十字對生，葉面粗糙具白色細顆粒狀附屬物。花期為冬、春季，花乳白色，雄蕊花粉黃色，花小形花瓣 5 片，花序開放在莖頂端。需異株授粉，才能結果產生種子。

▲小夜衣易生側芽，成株呈叢生狀。

▲灰綠色的葉表，具有白色的細顆粒狀附屬物。

Crassula volkensii
雨心

| 異　　名 | *Crassula* 'Isabella' |
| 繁　　殖 | 以冬、春季為適期，剪取嫩梢 3〜5 公分扦插即可。 |

原產自非洲東部，如肯亞及坦尚尼亞等地。

形態特徵

　　為多年生的肉質草本植物，株高約 15〜30 公分，不易叢生，主枝與副枝明顯，成株時略呈樹形。葉呈卵圓形，對生、無葉柄。葉片上具紅褐色斑點及葉緣，光線充足時葉色表現較佳，光線不足時葉色轉綠。花期為冬、春季，花白色；小花開放在頂梢葉腋間。雨心為粗放、低維護管理的品種之一，對台灣的氣候適應性佳。越夏時無法露天栽植，仍需移置通風及避免淋到豪雨或雨水的位置越夏。另有錦斑品種雨心錦。

▲橄欖綠的卵圓形葉，葉片上具紅褐色斑點及葉緣。

▲白色小花開放在頂梢葉腋間。

青鎖龍屬

151

Crassula volkensii 'Variegata'
雨心錦

異　　名	*Crassula* 'Isabella'
英 文 名	Isabella

為雨心的黃色錦斑變異栽培種。雨心錦有部
分會以栽培種 'Isabella' 標示。生長較雨心
緩慢一些，多了色彩變化，較雨心更為美
觀。偶見全錦（全黃化）的枝條變異，需提
早剪除，避免植株不必要的養分浪費，有利
於株勢的維持。

▲雨心錦為黃覆輪的錦斑品種

▲入冬後天氣涼爽，雨心錦會開始長出新葉，偶
見黃化的全錦枝條要及早剪除。

▲多了葉色的變化，雨心錦更美觀。

仙女盃屬

Dudleya

　　中國常見以仙女盃屬稱之；又稱粉葉草屬。屬名在紀念美國
加州史丹佛大學植物學系的第一任系主任 William Russell Dudley
先生。本屬大約 45 種左右，主要分布在北美洲的西南部地區。與
擬石蓮屬 *Echeveria* 為近緣種，其中部分品種曾歸納分類在擬石蓮
屬內。常見生長在墨西哥和美國交界處的沿海環境，或生長在半
島地區的山壁或臨海的絕壁之上，部分品種則生長在峽谷之內，
有些種類則會分布在附近的山區及乾旱地區。

外形特徵

多年生肉質草本植物，莖常短縮不明顯，多年生後，略具有老莖呈現老懞姿態。葉叢生於短縮莖上；無毛、全株披有銀白色蠟質粉末。葉片主要呈灰綠色或灰白色；有資料形容本屬植物葉片會有白裡透綠的錯覺。花序長約 1 公尺，常垂直或略傾斜自莖頂下方附近的葉腋下抽出後開放；圓錐花序上會有明顯的白色葉狀苞片生於花軸上。花以橙色爲主，小花和萼片數爲 5、雌蕊 5；雄蕊 10。

台灣花市常見的寬葉仙女盃
Dudleya brittonii sp.

台灣花市常見的窄葉仙女盃
Dudleya brittonii sp.

栽培管理

本屬植物可耐半蔭或生長在光線明亮環境下。仙女盃根系的透氣性要足，原生地多見於岩石縫隙或貧瘠的沙地內，栽培介質建議使用礦物性顆粒爲主要配方，以營造出根域的透氣性爲佳。

本屬的根纖細，雖然耐旱性佳，但澆水時仍以介質乾透了再給水爲原則，勿過度乾燥或乾旱太久。夏季會有生長緩慢或明顯休眠的現象，在入夏前可更新爲疏鬆的介質以讓根域環境更爲透氣，有利於越夏；夏季時若夜溫較高或較爲悶熱，應給予遮蔭及加設通風扇等方式以協助越過台灣夏季。秋涼後植株恢復生長時，可開始正常給水，待冬季氣溫下降後，給水次數可較頻繁些。

繁殖方式

本屬植物不易葉插，常見以播種爲主要繁殖方法。視品種部分可行分株或扦插繁殖。不易以去除生長點

（砍頭）方式進行大量繁殖，因生長點位置較靠近莖頂內側深處，常因下刀不易造成植叢損傷，葉片散落一地。

部分枝幹型品種如 *Dudleya greenii*，依國內栽培者馬修先生經驗，建議採取手折方式造成不規則傷口，比用剪取或刀切等方式更有利於促進母株上側芽的發生。

Dudleya collomiae
八爪魚仙女盃

| 異　名 | *Dudleya saxosa* |

本種於台灣並不多見，中名沿用中國通用俗名。產自美國亞歷桑納州 Arizona 中部地區。常見生長在海拔 400 ～ 3000 公尺的山壁、岩隙處等環境。因生長棲地的緣故，常見英名以 Live-forever 或 Rock Live-forever 稱之。

▲常見仙女盃屬多肉植物葉面滿覆白色粉末狀物質，葉末端有尾尖。

▲不同個體葉幅會有不同變化，但八爪魚仙女盃葉緣兩側會向上或向內反捲。

▲葉形較狹長的個體，但仍保有八爪魚仙女盃的特色。

Dudleya brittonii
仙女盃

英 文 名	Britton's dudleya，Giant chalk dudleya
繁　　殖	播種、分株。可去除頂芽促進側芽增生後，待側芽茁壯再行分株方式繁殖。

本種為中大型品種，成株時直徑可達30公分左右，原產自美國、墨西哥等地，台灣流通的品種不多，因引種資料無法考據，常見被歸納在 *Dudleya brittonii* 學名之下。由於葉幅寬窄不同，具有寬葉及窄葉兩種不同型態的品種。

▲葉幅較窄的栽培品種，稱為窄葉仙女盃。

形態特徵

　　莖短縮不明顯，成株後略具短直立莖。劍形葉無葉柄，互生呈蓮狀葉序，著生於短莖上。全株無毛，具有銀白色的蠟質粉末。台灣並不常觀察到開花。

▲成株後的窄葉仙女盃中大型個體，外型很吸睛。

▲葉幅較寬的栽培品種，稱為寬葉仙女盃。

擬石蓮屬
Echeveria

羅密歐，為東雲中
著名的栽培種之一。

　　景天科中最大的一屬，主要產自中美洲，分布自墨西哥至南
美洲的西南部地區。屬名擬石蓮屬乃為了紀念一位 18 世紀的墨西
哥植物藝術家及自然觀察家 Atanasio Echeverría y Godoy 先生，由
其姓氏 Echeverría 衍生而來。

　　本屬做為觀葉植物欣賞，對於乾旱的忍受力高，只要定期性
給水及施薄肥就能生長良好；更有些品種對於光線不足或霜凍的
環境也能忍受。

　　在原生地冬季為旱季，本屬植物應列為夏季生長型植物，常
見分布在中、高海拔環境，喜好生長在乾燥地區或岩石縫隙略遮
蔭處；部分為附生植物，能在有限的岩石縫隙中生長，有些種類
還會著生在樹上或岩壁上，與一些空氣鳳梨或萬年松等蕨類伴生；
但相對於台灣氣候環境條件，夏季的高溫多濕易造成生長不良。
栽培時列為冬季生長型品種，在台灣冬、春季較冷涼氣候生長良
好，植株外觀較佳。

外形特徵

　　擬石蓮屬植物形態多變，且近年有許多屬間雜交品種，外觀上也極為相似，但本屬的共同外觀特徵如下：

▲葉形多變，但常呈匙形或長匙形為主，葉片末端有明顯尾尖。圖為狂野男爵，匙狀葉面中肋處具有不規則狀的疣狀增生物；葉末端有尾尖。

▲莖短縮，株形矮小，常貼近地面生長，較不具有長莖；老株莖幹較明顯。圖為黑王子老株，植株矮小，較貼近地面。

▲花瓣及肉質花萼數均為 5。雙雄蕊型式，雄蕊數為 10，雄蕊基部不具其他附屬物。花色多，盛開時不開張略呈鐘形花。

▲黑王子變異品種，葉面上出現棘狀突起。

▲黑王子的斑葉變種。

▲東雲綴化的品種。

▲霜之鶴為大型種，株徑超過 30 公分。

▲花麗為常見的中型種，株徑 在 10～15 公分之間。

▲女雛為常見的小型種，成株 株徑 5～8 公分之間。

　　本屬的栽培品種不少，可以依照葉序及植群葉叢的外觀直徑大小，再分為小型種，株徑約 10 公分及 10 公分以下；中型種，株徑約 10～30 公分；大型種，株徑約 30～50 公分左右。

栽培管理

　　本屬也有不少容易越夏的品種，但因栽培者居家環境不盡相同，在品種選擇上建議適地適栽，以自家環境作為挑選品種的依據為宜。初入門的栽培者可以先挑選中、大型種為先，擬石蓮屬中常見的中大型品種較易栽培，越夏也較容易，如桃之嬌、大瑞蝶等；部分小型種夏季栽培仍需營造適當低夜溫或通風環境較易越夏成功。

　　擬石蓮屬植物入多後會開始生長，部分的下位葉會開始脫落，栽培數年後老化的短莖裸露呈現樹型姿態，株型雖獨具美感，但若未移除下位的枯葉，更新老化莖幹與根系，將

不利植株生長。爲求枝葉繁盛及植株旺盛，應予以去除老莖，切下植株上半部，晾乾後新植，新生的根系會讓植株更具有活力；去除頂部後的下半部也能再生側芽作爲繁殖之用。

在夏季生長不良的季節，可營造出日夜溫差微環境的方式增加越夏機會，嚴格來說多肉植物是能忍受日間的高溫，但悶熱的夜間高溫會造成生長障礙，因此可以在夜間利用噴霧及增加通風設備，以降低微環境夜溫的方式，增加越夏成功機率。此外也可將植株栽種在較小的盆器中越夏，因小盆器介質含量少，水分含量也少，可營造出根系排水性及透氣性佳的環境，提高植物對於不良生長季節的忍受力。

繁殖方式

擬石蓮屬繁殖十分容易，常見以葉插、分株及播種等三種方式。居家栽培時以葉插最爲常用；但摘除下位葉片或強健葉片會造成觀賞品質降低，爲不影響美觀，可利用花序上的小葉爲材料進行葉插繁殖；秋涼後當夜溫明顯變涼，就可以開始進行繁殖的準備。有些越夏不易的品種可利用本屬植物耐乾旱的特性，於夏季將強健的地上部切下，置於陰涼通風處，直到秋涼後再重新上盆栽植以越過台灣不佳的夏季生長季節。

▲桃之嬌葉插時，葉基部再生小苗。

▲花月夜使用葉插大量繁殖。

▲白鬼利用頂芽移除（去頂後），下半部側芽增生的狀況。

Echeveria affinis 'Black Knight'
黑騎士

異　名	*Echeveria* 'Black Knight'
繁　殖	葉插

中文名沿用台灣花市俗名而來。由古紫
Echeveria affinis 選拔出來的園藝栽培種。也
有人將古紫與黑助及黑騎士混稱，但原生種
的古紫在花市不多見。兩者外形相似，區別
僅葉形及葉長上的不同；一般黑騎士的葉呈
長匙狀，古紫的葉較短，葉幅較寬；與黑助
外觀較接近。台灣平地栽植時常因日夜溫差
不足，葉色呈青紫色或紫色，無法表現出紫
黑色的標準葉色。

▲外觀與黑王子相似，葉
形較狹長，葉身較飽滿。

▍形態特徵

　　成株葉片約 20 片左右，株徑可達
15 ～ 20 公分。多年生老株會有短直立莖。
紫黑色的長匙狀葉片以叢生方式著生在短
縮莖上，葉末端有白色或乳黃色的淺
色尾尖。光線充足時葉序緊緻，葉末
端微向心部生長，兩側會向中肋包
覆；光線不充足時葉片較平整，葉
序較為開張。

▶黑騎士葉色黝黑，
心葉的葉末端微向心
部彎曲。

Echeveria affinis 'Black Prince'
黑王子

異　名	*Echeveria* 'Black Prince'
繁　殖	繁殖容易，可行分株、扦插或葉插。

建議秋涼後為繁殖適期。

同為古紫 *Echeveria affinis* 中選拔出來的栽培品種，中名由栽培種名 Black Prince 翻譯而來。相較於黑騎士，黑王子更為適應台灣的氣候環境，為花市常見品種。在夏季會有短暫休眠期。

▌形態特徵

　　成株後株徑約 10 ～ 15 公分，為中型品種。莖短縮，葉片叢生在短生莖節上。匙狀葉，葉幅較黑騎士寬，葉末端具有尾尖。光線充足時葉色呈暗紅色或近黑色。花期集中在夏季，花鮮紅色，自莖頂處抽出長花序。黑王子的變異個體多，另有白斑及石化的變異型態。

▲黑王子錦退斑後再生黑王子的個體。

▲黑王子雖生性強健，但盛夏時仍需注意水分控制，避免引發細菌性的病害而腐爛。

▲黑王子的葉序緊密、平展。

Echeveria 'Black Prince' variegated
黑王子白斑及石化變異

▲黑王子石化變異，
葉面具有不規則皺縮
及棘狀突起特徵。

▲黑王子白斑及石化變異
株，葉面會有不規則的深
色斑紋及皺褶等特徵。

▲黑王子石化的叢生株。

▲黑王子白斑及石化個
體，生長更為緩慢。

163

Echeveria affinis 'Bess Bates'
黑王子錦

異　名	*Echeveria* 'Bess Bates'	
別　名	黑蘭妃	

黑王子錦學名亦可以 *Echeveria* 'Black Prince' variegated，依其學名後方加註變異（variegated）的方式表示。黑王子錦選拔成為新的栽培品種以 Bess Bates 作為栽培種名。錦斑葉色變化豐富，常見以黃斑為主。

形態特徵

　　與黑王子相似，但葉片上具有不規則的錦斑表現。錦斑特性也十分不穩定，會依據栽培環境狀況而異，溫差大及日照充足時葉斑表現較佳，栽培條件好時會出現全錦個體；但環境較不理想時斑葉的特徵會弱化。

▲局部出現斑葉的黑王子錦。

▶心部幾乎接近全錦的個體。

▶斑葉表現平均的植株。

▲部分幾近全錦的個體，還能再恢復正常斑葉的表現以維持生機。

Echeveria affinis 'Kurosuke'
黑助

異　名 │ *Echeveria* 'Kurosuke'

中名沿用日本通用俗名而來，以栽培種名
Kurosuke 來看，本種極可能是由日本園藝
選拔而來。為古紫系列中的小型種，株徑約
略在 10 公分以下。近年國內栽培業者自日
本引進栽培，市場上較少見。

▲葉末端具有白色尾尖，葉
片略朝向心部彎曲。

▌形態特徵

　　像綜合了黑騎士及黑王子的外型，
葉序會略朝上堆疊，株型較小，葉質地厚
實，葉末端具有白色尾尖，葉片會略朝向
心部彎曲，呈現爪子狀的造型。

▲黑助植株葉序會向上疊高。

▲黑助整體外觀像縮小版的黑王子，株型
小、葉片厚實。

Echeveria affinis 'Grey Form'

灰姑娘

擬石蓮屬

| 別　名 | 深紋石蓮 |

中文名沿用台灣花市俗名而來。因葉面上會
出現縱向紋，又名深紋石蓮。與黑騎士同為
古紫中人為選拔的栽培種。據學名栽培種名
'Grey Form' 的說明，本種為葉色呈淺灰色
或淺紫色的個體。灰姑娘對台灣氣候適應性
佳，夏季悶熱高溫季節，仍應移置通風涼爽
處以利越夏。

▌形態特徵

　　成株葉片較少，約 15 片，株徑在 10
公分左右。老株有短直立莖。葉中肋處出
現縱向紋路；葉末端具淡色尾尖。葉序較
開張，不似黑騎士會朝心部包覆生長。

▲灰姑娘葉呈灰色，葉序較為向外
開張，部分下位葉會向外伸展。

◀成株後會有短直
立莖，株型不大，常
見在 10 公分左右。

166

Echeveria agavoides
東雲

擬石蓮屬

英 文 名	Carpet echeveria
別　　名	厚葉蓮座草、冬雲
繁　　殖	葉插、分株。栽培 2～3 年進行換盆更新介質時，移除部分下位老葉進行葉插，或選用花序上的小葉進行葉插繁殖。

種名 agavoide 英文字意為 resembling Agave（looking like an agave）。極可能是受趨同演化的關係外觀與龍舌蘭相似。中文常用俗名東雲、冬雲，應沿用自日文名而來。在較正式的分類上常見中名為厚葉蓮座草，形容本種厚實的葉片，以蓮座狀方式堆疊的外觀。主要分布自墨西哥聖路斯波多希 San Luis Potosí、伊達爾戈 Hidalgo、瓜托華納 Guanajuato 及杜蘭哥 Durango 等地，常見生長在中、高海拔的乾旱岩石地區。

▲東雲為葉色全綠的個體，圖片為栽培在 3.5 寸盆的成株。

形態特徵

　　為中大型品種。莖短縮不明顯，常見單株生長，不易叢生；但多年生老株會自基部產生少量側芽。成株 20 片葉左右；株徑 15～20 公分之間。卵圓形至三角形葉片，葉末端具有短棘狀的淡紅色尾尖，葉背中肋處有微微突起。因栽培品種不同，有些個體具有紅色至紅褐色的葉緣及尾尖。花期在春、夏季之間，單軸的聚繖花序，花莖長約 50 公分，由粉橘色至鮮黃色小花構成。

東雲綴化 Echeveria agavoides 'Cristata'

Echeveria agavoides 'Lipstick'
魅惑之宵

異　名 | *Echeveria agavoides* 'Corderoyi'

為東雲的園藝選拔栽培種,其特徵在葉末端葉緣處會有暗紅色緣斑,形成紅色葉緣(Red edge)的特徵。本種起源多不可考,常與另一個相似品種烏木共用 *Echeveria agavoides* 'Red Edge' 學名,部分資料認為這類具有紅色葉緣的品種,不是野生採集而來的特殊變種,而是由園藝選拔出來的栽培變種,又或是雜交出來的新品種;但眾說紛云仍未有定論。在本文中參考日本分類上常用的學名,品種名以 'Lipstick' 表示,字意為口紅或唇膏,用來形容其紅色葉緣的特徵。

▲成株的魅惑之宵,亦會自基部產生側芽。

▶幼株時,葉緣有鮮明的紅褐色葉緣及尾尖。

Echeveria agavoides 'Ebony'
烏木

英文名 | Enbony wax agave

為中大型品種。同為東雲下的栽培種,外觀形態與魅惑之宵相近,同樣具有暗紅色葉緣,但烏木的暗紅色葉緣清晰而明顯,近乎紅黑色的葉緣為其外觀上的特徵。在國際多肉植物入門 ISI#92-44(International Succulent Introductions#92-44) 中提到,烏木最早是由 John Trager 和 Myron Kimnach 先生在墨西哥 Coahuila 野外採集而來的品種。

▲烏木幼株近照。

▶烏木具有紅黑色的葉緣及尾尖,圖片為栽培在 3 寸方盆的照片。

Echeveria agavoides 'Maria'
瑪麗亞

英 文 名 | Wax agave

中名瑪麗亞由其栽培種名 'Maria' 直譯而來，同為東雲類的雜交種，親本為東雲與相生傘（*E. agavoides* × *E. agavoides* 'Prolifera'）。

形態特徵

葉形較東雲圓潤些，略呈橢圓形或卵形；葉末端具有紅色的尾尖及淡紅或粉紅色的淡色葉緣。

▲瑪麗亞外形與東雲有些差異，葉形較為圓潤。

▲為中大型品種，葉序呈蓮座狀堆疊。

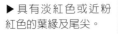

▶具有淡紅色或近粉紅色的葉緣及尾尖。

Echeveria agavoides 'Romeo'
羅密歐

| 英文名 | Romeo wax agave |

為東雲系中葉色最美麗的品種，資料上提及
羅密歐為德國雜交選育的栽培種。親本為
魅惑之宵或烏木下變異的栽培品種，稱做
AKA Ebony（*E. agavoides* 'Corderoyi'），為
親本雜育後所選拔出的後代。羅密歐具有紫
紅色及肥厚的葉片，葉序較為開張平展。中
名以其栽培種名 'Romeo' 直譯而來。

▶羅密歐株形較大，
葉片呈紫紅色，為選
拔栽培種。

Echeveria agavoides 'Scaphophylla'
大明月

| 異　名 | *Echeveria agavoides* 'Pink' |

又名祝之松。淡綠色的葉片，葉形較圓潤，
且葉緣兩側會向中肋處反捲，呈不平坦微
曲狀的葉形。具有粉紅色葉緣及尾尖，外
觀與相生傘或稱相府蓮 *Echeveria agavoides*
'Prolifera' 的栽培品種相似。

▲葉形圓潤，淡綠色的葉片具
有粉紅色葉緣及尾尖。

Echeveria bifida 'Xinchu'
貝飛達（惜春）

英 文 名	Branched flower hens and chicks
繁　　殖	種子及葉插繁殖均可。收集種子時可使用異株授粉，若授粉成功，果莢會於花後 45 ～ 60 天成熟。種子可貯放在乾燥陰涼處，於來年春暖後播種。

貝飛達以其種名音譯而來。英名則以其花序易分枝的特性，稱為 Branched flower hens and chicks（景天科擬石蓮或卷絹屬中英文俗名常以 Hens and chicks 稱之；暫譯成母雞帶小雞）。分布在墨西哥中部地　區 Guanajuato、Tamaulipas、Hidalgo、Queretaro 等地。台灣稱惜春，以栽培種名 Xinchu 音譯而來；貝飛達的栽培種之一。種源收集自墨西哥瓜托華納 Guanajuato 西部城市 Xichu 地區。

▲葉片呈特殊酒紅色。

形態特徵

　　成株約 15 片葉子左右，株徑可達 15 ～ 20 公分。葉形變化較大，由長披針形、長匙狀或細長形葉都有。葉色較為特殊，銀灰色或灰褐色之間。花期集中在夏季，花莖纖細，長約 25 ～ 60 公分；花莖最終會開出二歧狀的聚繖花序，約有 20 ～ 30 朵小花構成，橘粉色或近黃色的小花，為 5 瓣的鈴噹花或鐘形花。

▲長披針狀葉狹長，幼葉葉緣兩側會向內側捲。

Echeveria cante
凱特

別　　名	廣寒宮
繁　　殖	常以種子繁殖，不易產生側芽；或使用花莖上的小葉進行葉插繁殖。

原產自墨西哥東北部地區。中文以其種名音譯而來；在中國則另稱為廣寒宮。原分類歸納在 *Echeveria subrigida* 學名下（韓國稱為鋼葉蓮，但台灣花市並不常見）。但因凱特分布於墨西哥東北部地區與近緣種 *Echeveria subrigida* 產自墨西哥南部及東南部地區有距離上的區隔，後由墨西哥瓜納華托植物園中的研究中心重新命名（the Cante Institute and Botanic Garden in San Miguel de Allende, Guanajuato, Mexico）。

▲凱特小苗，葉片有淺中肋，葉面具白色粉末。

形態特徵

　　為大型種，成株株徑可達 40 ～ 50 公分以上；莖短縮不明顯，常見單株生長，不易產生側芽。灰白色、長匙狀葉片略有透亮感，常帶有灰藍色或紫紅色的色調，單葉可長達 15 ～ 18 公分，葉幅寬約 6 ～ 8 公分，中肋不明顯。葉全緣，具有細帶狀的紅色葉緣，葉片覆有白色粉末狀物質。夏、秋季開花，花莖單出，長約 45 ～ 60 公分；花黃色。

▲凱特為大型原種，葉片偏淡綠色，具有紅色葉緣。

173

Echeveria 'Afterglow'
晚霞

| 繁　殖 | 以側芽分株方式繁殖為主 |

園藝雜交種，為凱特與莎薇娜的雜交後代
（*Echeveria cante* × *E. shaviana*），同個
親本後代中選拔出姐妹株晨光 *E.*'Moring
Light' 的品種。雖然許多資料記載為夏季生
長型品種，但在盛夏仍需注意通風及低夜溫
的營造，更有利於越夏。喜好 pH6.5 ～ 5.5
的介質，建議每 2 ～ 3 年應換盆一次。

▲晚霞為凱特的雜交後代，葉
色較偏紫紅色系。

形態特徵

　　為大型種，株徑可達 50 ～ 60 公分。

▶葉中肋較不明
顯，略有微波浪
狀葉緣，可能受
莎薇娜親本的影
響。

Echeveria 'Morning star'
星辰

中名以台灣常用俗名訂之，栽培種名為
'Moring Star'，可譯為星光。據 International
crassulaceae network 上的資料表示，與晨
光和晚霞同樣為凱特與莎薇娜（*Echeveria
cante* × *E. shaviana*）的姐妹株，僅星辰的
外觀較接近花粉親莎薇娜。中大型品種，成
株後株徑可達 20 公分以上。幼苗時葉幅較
寬，葉片帶淡粉色及粉紅色波浪狀葉緣，外
型在秀麗中又多了分豪華的感覺。

▲星辰的中小苗。

◀葉色帶有粉色或粉
紫色的色調。

▶成株後莖基部亦會
產生側芽，葉幅較寬。

175

Echeveria carnicolor × *Echeveria atropurpurea*

大銀明色

擬石蓮屬

| 繁　殖 | 葉插 |

中名沿用台灣常用俗名；據福祥仙人掌資料上說明，大銀明色為銀明色與旭鶴的雜交栽培種。對台灣氣候適應性佳，生性強健，栽培及越夏容易。常見心部有螞蟻築巢，庇護粉介殼蟲形成共生現象。

形態特徵

　　為中小型品種，株徑可達 10 ～ 12 公分。莖短縮不明顯，多年生老株短直立莖明顯。肉質狀匙形葉具有淡色或白色的尾尖，葉色變化多，由灰綠色到褐紅色之間，光照越充足，葉序緊密、株型小，葉色偏紅。若光照不足葉序鬆散，葉片大且葉色偏橄欖綠。葉面上有特殊紋路及小小突起。花期冬、春季之間，為多花序品種，花莖長約 50 公分，鐘形花，花橘色。

▲ 大銀明色的葉色特殊，帶有紫色調的綠。

▲大銀明色與其他景天科植物混生的情形。

銀明色 *Echeveria carnicolor*
產自北美墨西哥，株型較大銀明色小，匙狀葉較狹長，葉色銀灰。

Echeveria colorata 'Mexican Giant'

墨西哥巨人

異　名	*Echeveria* 'Mexican Giant'
繁　殖	側芽扦插或分株

原產自北美墨西哥等地區，卡羅拉
Echeveria colorata 族群中選拔出來的栽培
種。中文名以栽培種名譯為墨西哥巨人。全
株覆有白粉，外觀與仙女盃相似；部分資
料以學名 *Echeveria colorata forma brandtii*
表示，說明卡羅拉中近似仙女盃 *Dudleya
brittonii* 的品種。

▋形態特徵

　　為大型種，成株後株徑可達 30 公分
以上。莖短縮不明顯，成株後莖基部易生
側芽，會呈叢生狀生長的姿態。灰白色的
長匙狀或披針狀葉質地厚實，葉面及葉背
中肋略隆起，葉末端有暗紅色或紅黑色尾
尖，全株覆有白粉。花期夏季，花莖長達
60 ～ 70 公分，多花序品種，花莖纖細，
花為橘黃色。

▲葉面及葉背中肋略有隆起；
基部增生側芽，形成叢生狀姿
態。

◀葉末端有暗
紅色尾尖。

177

Echeveria diffractens
蒂凡尼

英文名	Shattering echeveria
繁　殖	播種、葉插

原產自北美墨西哥等地區；中文名以其種名音譯而來。

形態特徵

　　為中小型品種，莖短縮不明顯，株徑最大可達 10 ～ 12 公分左右，全株扁平狀，貼於地面上生長。易自基部發生側芽，常呈叢生狀生長。淡綠色的寬匙形葉片著生於短莖上，葉序排列成蓮座狀。葉色常有淡粉紅色或淡紫色色調，全株覆有白色粉末，葉末端有尾尖。花期於春、夏季，為多花序品種，於葉腋間抽出，花莖長；花為豔麗的橘紅色。

▲植株扁平，常貼近地面生長。

▲為多花序的品種。

▲花為豔麗的橘紅色。

Echeveria elegans
月影

繁　殖	葉插及分株

為中小型品種，原產於墨西哥的半沙漠地區。為擬石蓮屬常見中小型栽培種的雜交親本之一。

形態特徵

　　株高 5 ～ 10 公分，株徑約 10 公分左右。長匙狀肉質葉，全緣，葉質地較薄，末端具有尾尖。葉呈灰藍色或灰綠色，具白色粉末狀物質。花期集中於冬、春季之間。

▲長匙狀的葉序，互生呈蓮狀座。

Echeveria elegans 'Potosina'
星影

中名沿用日名而來，以台灣地區常用之學名標示。應為月影的栽培選拔種。小型種，株型不大，易自基部增生側芽呈群生狀；易發生綴化現象。

▲星影易呈叢生狀，部分側芽易綴化。

◀星影為小型種，葉質地脆，不慎碰觸易自葉身中斷裂。

179

Echeveria 'Raspberry Ice'
冰莓

異　　名	*Echeveria elegans* sp.
別　　名	冰莓月影

自常用的學名表示上判定，極可能是經人為
選拔的栽培種，外型與月影相似，株型介於
月影與星影之間。灰藍色或灰綠色的匙狀葉
較短，質地更輕薄些，不易自葉基處增生側
芽。栽培環境條件良好時，葉序包覆的更為
緊緻。近觀有薄薄淡色葉緣及短尾尖。

▲葉全緣，有薄薄的淡色葉緣。

◀冰莓可能因為葉質
地較薄，全株有著透
亮的質感。

Echeveria gibbiflora
旭鶴

異	名	*Echeveria grandiflora* / *Echeveria*
		atropurpurea
繁	殖	葉插及側芽扦插

中名沿用日本俗名而來。引入台灣的資訊不詳，現在學名也較混亂，暫以台灣常用學名表示；另以異學名 *Echeveria gradiflora* 及 *Echeveria atropurpurea* 表示。原產自北美墨西哥等地區，為花市常見流通的品種，對台灣的氣候適應性佳，平地栽培及越夏容易，可露天栽培。

▲旭鶴可露天栽培，株高可達 60 公分以上。

形態特徵

　　大型種，株高及株徑可達 60 公分左右，具直立莖。灰白色或略帶淡粉色的寬匙狀葉質地厚實，互生或近輪生於莖節上，葉脫落時有明顯葉痕。葉全緣，葉末端有尾尖，呈不對稱略歪斜狀；中肋處向內凹陷，葉兩側略向上升；葉面略有薄薄白色粉末。花期春季或秋季；鐘形花，花紅色至黃色。

▲市售三寸盆的旭鶴，葉緣兩側略向上反摺。

Echeveria 'Hanaikada'
花筏

擬石蓮屬

異　　名	*Echeveria atropurpurea* var.	
別　　名	紅旭鶴	
繁　　殖	葉插為主	

日本雜交選育的品種，中名以栽培種名 Hanaikada 譯為花筏；台灣也稱為紅旭鶴。依學名上的資訊可能是旭鶴與銀明色（*Echeveria gibbiflora*×*E. carnicolor*）雜交的後代；也可能是旭鶴中的變種。花筏生長迅速栽培容易，特殊的酒紅色葉為花市常見的品種。

花筏錦 *Echeveria* 'Hanaikada' variegated 錦斑表現較不穩定，易發生返祖及褪斑的現象。

▌形態特徵

　　為中型品種，株徑可達 15 公分左右，短直立莖明顯，莖節上有葉痕。暗綠色至紫紅色的匙狀葉，互生著生於莖節上，光線充足時葉色偏酒紅色。葉形與親本旭鶴類似，葉末端不對稱，略歪斜有尾尖，葉面有薄白粉。花期冬、春季，為多花序品種，花莖長約 60 公分，花莖上有大量的肉質小葉，鐘形花，花橘紅色。另有錦斑品種花筏錦 *Echeveria* 'Hanaikada' variegata，又名福祥錦；為台灣新竹地區福祥仙人掌與多肉植物園選拔出來的斑葉品種。

▲花筏葉色帶有紫紅色調。

▲光線充足時，葉色表現佳。

Echeveria lauii
拉威雪蓮

繁　殖｜種子繁殖為主

原產自北美墨西哥等地。中文名以種名 laui
音譯而來。本種生長緩慢，全株覆有大量白
色蠟質粉末；輕微碰觸粉末就會大量掉落。
十分耐旱，切忌過度澆水，光照不足時，下
位葉會開始乾枯掉落。

▲拉威雪蓮小苗葉形渾圓。

▌形態特徵

　　中型品種，株徑可達 10 ～ 15 公分，
莖短縮不明顯。卵圓形或匙圓形的葉質地
厚實，葉背中肋略微凸。花期夏、秋季之
間；多花序，於葉腋間抽出，栽培良好時
單株可抽 3 枝以上花序，花莖上有橢圓形
或短披針狀的小葉。鐘形花，花橘紅色。

▲花莖上高度肉質化短披針狀小葉及花萼。

▲為多花序的品種，花期至
少能開雙梗以上的花序。

183

Echeveria 'Laulindsa'
大雪蓮

異 名	*Echeveria* 'Lauindsay'/
	E. 'Lauliad'
別 名	芙蓉雪蓮

為中大型種,株徑可達 40 公分以上。由雪蓮與卡蘿拉(*Echeveria lauii* × *Echeveria colorata*)雜交選拔的栽培種;適應台灣平地氣候環境,但生長緩慢。栽培種名由雜交親本之種名組合而成。字根 Lau- 源自於母本(*E. lauii*),字根 lidsa- 則源自於父本(*E. lidsayana*;後來分類將其歸納在 *E. colorata* 之下)。株型兼具親本的特色,全株與拉威雪蓮一樣密覆白色粉末狀附屬物;但葉形則受父本卡羅拉影響,葉形狹長具有明顯中肋,葉末端有淡粉紅鈍狀的尾尖突起。

▲ 全株略帶淡粉紅或灰藍色的質地。

▲ 葉片具白色粉末狀物質,中國以芙蓉雪蓮稱之,貼切又好聽。

大雪蓮綴化
Echeveria 'Laulindsa' cristated

Echeveria 'Exotic'
雪特

別　　名 | 雪特玉

為拉威雪蓮及特葉玉蝶（*Echeveria lauii* × *E. runyonii* 'Topsy Turvy'）的雜交後代。英文栽培種名為 'Exotic'，其字意有異域及異國的意思。中名取其親本中文名稱為雪特，表示為威雪蓮與特葉玉蝶後代之意；中國則稱為雪特玉。保有親本的特色，全株覆有較厚的白色粉末及反葉特徵。

▲全株覆有白色粉末。

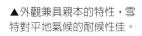

▲外觀兼具親本的特性，雪特對平地氣候的耐候性佳。

▲具有反葉特徵。

Echeveria lilacina
麗娜蓮

英文名	Ghost echeveria, Mexican hens and chicks
繁　殖	葉插繁殖，可於換盆時，取下位葉進行葉插。

原產自墨西哥北部中、高海拔山區，常見生長在石礫及岩石地。本種在台灣適應性強，生長勢強健，十分耐旱，越夏容易。

▶麗娜蓮小苗。

▌形態特徵

　　為大型種，株徑可達 25 公分左右；莖短縮不明顯，老株後短直立莖較明顯。灰白色寬匙形葉，輪生或互生於短縮莖上，葉面覆有白色粉末，具有淺中肋，葉全緣，末端有尾尖。花期春、夏季。為多花序品種，自葉腋抽出，花莖長 60 ～ 70 公分左右，花莖較纖細，花莖上小葉不多；鐘形花，呈橘色。另有麗娜蓮石化 *Echeveria lilacina* 'Monstrose' 品種，葉質地較厚實，株型小，葉面上會有不規則狀的縱帶狀斑紋。

麗娜蓮石化 *Echeveria lilacina* 'Monstrose' 葉插小苗，葉質地厚實。

▲成株後的麗娜蓮，株徑可達 20 公分以上。

Echeveria 'Lola'
露娜蓮

別 名	蘿拉
繁 殖	葉插

露娜蓮中文名以栽培種名音譯而來。與親本麗娜蓮一樣對台灣氣候適應性佳，亦可葉插繁殖。外型與麗娜蓮相似，但株型較小。株徑最大可達 10 公分左右。部分資料提及露娜蓮可能是麗娜蓮的園藝雜交種。

▌形態特徵

葉序包覆緊緻，狀似玫瑰花形，葉片帶有紫紅色或淡紅色調，葉面覆有薄薄的白色粉末。花期春、夏季。

▲全株略帶有白粉。

▶帶有淡紫色或淡粉色的葉片，葉片堆疊整齊，具有明顯的尾尖。

◀栽植在 3 寸方盆的露娜蓮。

187

Echeveria moranii
摩氏玉蓮

繁　殖｜葉插和分株為主；但葉插再生小苗的速度緩慢。

原產自墨西哥。

▎形態特徵

　　為中小型品種，成株株徑約 8 公分左右；另有大型摩氏玉蓮，株徑可達 10 公分以上。成株或多年生的叢生老株有短直立莖。葉色極為特殊，為灰綠至橄欖綠的色調。葉片廣卵圓形至三角形，質地厚實，葉背中肋隆起呈龍骨狀。葉面有顆粒狀小突起，狀似砂紙；葉全緣，具暗紅色葉緣，日照充足、日夜溫差大時，暗紅色葉緣表現較為明顯。花莖自葉腋間抽出，花莖長，花呈橘紅色調，相當豔麗。

▲摩氏玉蓮株型小，葉序緊密，葉片有淺中肋。

▶老株有短直立莖，相對於大型摩氏玉蓮，又名小摩氏玉蓮。

◀灰綠色的葉質地厚實，與紅色葉緣對比鮮明。

188

▲大型摩氏玉蓮光照充足時的生長模樣。

▲大型摩氏玉蓮叢生的植株。

▲摩氏玉蓮叢生的樣子。

Echeveria nodulosa
紅司

異　　名	*E. nodulosa* 'Maruba Benithukasa'/
	Echeveria discolor
英 文 名	Painted echeveria
繁　　殖	扦插

中名沿用自台灣俗稱。原產於墨西哥北部地區，集中在 North Oaxaca and South Puebla 等地區。擬石蓮屬中植物多數莖短縮不明顯，紅司為少數具有直立莖、分枝性良好，株高可達 60 公分的品種。特徵為葉面上具有特殊的稜紋及近血色的紅。

▲紅司特殊的紅，為最引人注目的特徵。

形態特徵

單株直徑可達 10 ～ 15 公分。灰綠色的匙狀葉，葉形變化大，有長葉、丸葉變化，互生近輪生於莖節上，葉全緣有尾葉，葉面上具特殊的血紅色斑紋。栽培環境得宜、條件良好時，葉面中肋處會有不規則狀的帶狀隆起，呈現瘤狀物，俗稱為龍骨。花期春、夏季，花序長約 30 公分，花瓣 5 枚反捲，花呈玫瑰紅色，具黃瓣緣。

▲栽培環境得宜時，葉中肋處會出現龍骨狀瘤狀物。

▶葉形變化大，受栽培環境影響，具長葉及丸葉的變化。

Echeveria 'Azuki'
紅豆

中名沿用台灣常用俗名。日名為あずき。近年引自日本的中小型栽培品種。應由紅司為母本所雜交選育的栽培品種。莖短縮不明顯，葉片具光澤，有微波浪狀緣，全株呈現特殊的酒紅色調，且葉序較不平貼，葉片挺立。台灣常將以紅司為親本雜交選拔出來的 'Azuki' 和 'Painted Frills' 這兩種栽培種，以紅豆這中名統稱。

▲全株具特殊的酒紅色光澤。

▲成株葉緣有微波浪狀緣及紅色葉緣。

Echereria 'Painted Frills'
紫焰

中名沿用中國俗名而來，另稱為莎薇紅。可能由紅司與莎薇娜（*Echeveria nodulosa* × *Echeveria shaviana*）雜交選拔出來的栽培種。具有特殊的紫紅色，匙狀葉全緣，葉緣呈淡紅色。外形與紅豆相似，但兩者葉色略有差異，紫焰葉色較紫且株型葉序較開張。

▶易自基部產生側芽，呈叢生狀態。

紫焰石化
Echeveria 'painted frills' monster

紫焰錦
Echeveria 'Painted Frills' variegated

Echeveria pallida
霜之鶴

英文名	Argentine echeveria
繁　殖	取基部側芽扦插或用花莖上的小葉行葉插繁殖。

原產自北美墨西哥等地。對台灣平地的適應性佳，生長迅速越夏也容易。台灣花市常以大瑞蝶 *Echeveria gigantea* 標示，但其實兩種不同，大瑞蝶葉色接近灰藍色或灰綠色，葉表上的白色粉末較多。

形態特徵

　　大型種；有短直立莖，株徑可達 50 公分以上。易自基部產生側芽，成株後會呈叢生狀態。蘋果綠的寬卵圓形或匙形葉片、大型，長可達 15 公分以上，葉幅寬 10 公分左右。葉全緣，老葉紅色葉緣較明顯，葉片後半部，兩側會向上反捲或微向上翹。葉末端有小尾尖。花期冬、春季之間；花序長達 90 公分，由葉腋間抽出，大型的鐘形花，花粉紅色。

▲大型種的霜之鶴，可露天栽培。

▲冬、春季花開時，花莖自葉腋抽出。

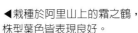

◀栽種於阿里山上的霜之鶴，株型葉色皆表現良好。

193

Echeveria 'Hakuhou'
白鳳

異　名	*Echeveria* cv. Hakuhou

中文名依栽培種名 'Hakuhou' 翻譯而來，為日本經雜交選育出來的栽培種。親本為霜之鶴與雪蓮（*Echeveria pallida* × *E. lauii*）。白鳳兼具了兩種親本的特色，尤其是適應性遺傳了母本霜之鶴的特性，對於台灣平地氣候適應性佳，栽培管理及越夏容易；冬季低溫時，葉色會略呈桃紅色，葉尖處會有紅暈，為花市常見流通的品種。

形態特徵

大型種，株徑可達 30 公分左右，具短直立莖。翠綠的卵圓形至寬匙狀葉，質地厚實，全株覆滿白色粉末。葉全緣、末端處具有淡粉色葉緣及紅色尾尖。中肋處略微突起。花期秋季，花序自葉腋間抽出，鐘形花大型，花粉紅色至橘紅色。

▲大型種的白鳳，成株後葉序堆疊的很壯觀。

▲葉中肋略突起，有紅色尾尖。

◀容易越夏的品種，建議新手可栽培的品種之一。

Echeveria peacockii 'Subsessilis'
老樂

異　名	*Echeveria peacockii* cv. Subsessilis
繁　殖	葉插

中文名沿用台灣常用俗名而來。就學名來看應是自養老 *Echeveria peacockii* 中選拔出來的栽培種，但在台灣養老的商品卻不常見。老樂生性強健、繁殖容易，適應台灣的氣候條件，栽培管理容易，越夏栽培並不困難。為花市常見的擬石蓮屬品種之一。

▲成株後葉序向上堆疊，且有微波浪狀葉緣。

▌形態特徵

　　為中小型品種，株徑可達 10 公分，具有短直立莖。灰白色、圓匙狀葉帶有淡淡粉紅色澤外，具粉紅色葉緣，葉後半端有微中肋，全緣有尾尖。幼株時葉幅較寬，隨株齡增加，葉片變小且向上堆疊，具微波浪狀葉緣。另有老樂石化 'Monstrose' 的品種，葉質地厚實，葉面上有不規則的縱帶狀突起或皺褶。

▶ 老樂幼株，葉幅寬且較平展。

▲老樂石化的品種。

老 樂 錦 *Echeveria peacockii* 'Subsessilis' variegated
又名晨光及晨曦。

Echeveria pelusida
花月夜

英文名	Mexican hat
繁　殖	扦插

原產自墨西哥。中名沿用台灣常用俗名。早年引入為台灣常見流通的品種，生性強健生長快速，對台灣氣候適應性佳，栽培管理容易，越夏不難。多年生後，應取下頂芽重新扦插，以更新根系維持植群的生長活力。外觀與花麗相似，常將兩者混稱。部分資料將花麗的種名 Pulidonis 作為花月夜英文俗名，但細觀兩者應為不同品種；不過兩者皆具紅色葉緣，另有以紅邊石蓮來概稱這一大類擬石蓮屬植物。

▲ 紅色的葉緣鮮明，在擬石蓮屬中，具有紅色葉緣的品種常以紅邊石蓮統稱。

形態特徵

　　莖短縮不明顯，為中小型種單株，直徑約 8 ～ 10 公分。綠色或灰綠色的長匙狀葉，互生或輪生於短莖上。葉全緣，具有紅色葉緣及尾尖。花期春、夏季，花黃色，花瓣 5，筒狀花略向下開放。

▲ 花月夜的紅色葉緣暈染的面積較大，連葉背也有紅彩的表現。

◀ 上為醉美人，下為花月夜。除了紅色葉緣的表現有些微差異外；花月夜葉形較尖銳；醉美人較圓潤。

Echeveria 'Moon Goddess'
月光女神

擬石蓮屬

中文名沿用栽培種名 'Moon Goddess' 而來；因引種資訊不詳無法考證其起源資料。為近年自日韓等地大量引進的栽培種。極可能為花月夜與月影（*Echeveria pelusida* × *Echeveria elegans*）的雜交後代；另有親本花月夜與靜夜等說法。

▍形態特徵

外形與花月夜、花麗相近，均具紅色葉緣，但本種葉色較偏灰藍色系，葉平展，株形較開張，葉全緣、具紅色葉緣及尾尖，但葉片較不對稱，葉形稍狹長，葉中肋處略有凹陷的摺痕。

▲葉為灰綠色的質地，匙狀葉，末端葉幅較寬，葉形較圓潤。

▲也是近年引入紅邊石蓮類的栽培種種之一

月光女神綴化 *Echeveria* 'Moon Goddess' cristated

綴化的個體，多了株形上的變化。

197

Echeveria 'Orion' sp.
蜜桃獵戶座

蜜桃獵戶座外形與月光女神十分相似,另有獵戶座,可能為韓國再選拔的栽培品種,常見以學名 *Echeveria* 'Orion' 後加註 sp. 作為區別,但因引種訊息不詳,無法詳加考證。

▍形態特徵

就整體外觀判別,蜜桃獵戶座株型緊緻,葉色帶有灰藍色的質地。

▲葉片帶有特殊灰藍色質地;葉中肋處略有凹痕。

Echeveria pulidonis
花麗

繁　　殖	扦插

原產自墨西哥。為台灣常見品種,外形與花月夜相似,但葉形末端較渾圓且葉幅較寬,成株後葉片數少。

▍形態特徵

莖短縮不明顯,單株直徑 10 ～ 12 公分。長匙狀葉呈綠色或灰藍色,互生或近輪生於短莖上。葉全緣,具有紅色葉緣及尾尖。花期春、夏季之間;花黃色。

▲成株的花麗葉末端較渾圓,質地也較厚實,葉片數較花月夜少。

Echeveria pulidonis 'Greenform'
綠花麗

別　名│布丁西施

為花麗的綠色型栽培選拔種。綠花麗葉色較深，且葉面上的白色粉末分布較少，葉具暗紅色葉緣，葉末端有微波浪狀緣及尾尖。

▶ 葉色較深，略有光澤感，白色粉末狀附屬物較少。

Echeveria 'Hanatsukiyo'
醉美人

別　名│紅邊月影

據 International crassulaceae network 資料上記載，醉美人為日系雜交栽培種，由 Yokomori 先生以花麗與月影 *Echeveria pulidonis* × *E. elegans* 育成。

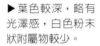形態特徵

　　兼具親本特性，因此與花麗、花月夜外觀相似；就醉美人的葉形，於良好栽培環境下整體植株的葉形較短。

▲ 葉末端紅色葉緣較淡雅，狀似紅暈般帶有透明感的表現。

Echeveria 'Mebina'
女雛

| 繁　　殖 | 分株、扦插 |

中文名以台灣俗名表示，栽培種名為 'Mebin'。女雛的親本不詳，將其列入紅邊石蓮中一同討論。為早年引入台灣的栽培品種，外觀與花麗、花月夜相似；對台灣的氣候適應性佳，相較於花月夜及花麗，更易栽培管理。

▲女雛為中小型種，葉形較尖銳、葉序緻密。

▌形態特徵

　　莖短縮不明顯，單株直徑 5 ～ 8 公分，本種易自基部萌發側芽，形成叢生狀。灰白色的匙狀葉，葉末端漸尖，葉形較尖銳，不似花月夜及花麗般圓潤。葉全緣有紅色葉緣及尾尖。葉片叢生於莖節上狀似小朵蓮花。光照充足、日夜溫差大時，葉緣及葉面上的紅暈更加明顯。

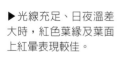

▶光線充足、日夜溫差大時，紅色葉緣及葉面上紅暈表現較佳。

紅邊石蓮成株比比看，相近植株及親本雜交後代，還是要放在一起比較，才能知道彼此間差異。

▲左：醉美人／中：花月夜／右：花麗

▲左：花月夜／中上：蜜桃獵戶座／中下：花麗／右：醉美人

Echeveria pulvinata
錦晃星

異　　名	*Echeveria pulvinata* 'Ruby'
英 文 名	Chenille plant, Plush plant
別　　名	絨毛掌、金晃星
繁　　殖	扦插

中名沿用日文俗名而來。為擬石蓮屬中具有小灌木及直立莖的品種。另有葉緣較紅的栽培種 'Ruby'。另有近似種紅晃星 *Echeveria harmsii*，僅葉形較尖及質地較薄等些微差異。對台灣的氣候適應性佳，栽培管理不難，越夏容易，但老株後應定期更新介質，以利根系再生。

▲葉末端有紅色尾尖，狀似紅點。

形態特徵

　　莖直立，株高可達 30 公分。綠色的匙狀葉或披針形，互生近輪生於莖節上，葉質地厚實、葉面平展；中肋處微向內凹；覆生白色短毛。葉全緣有尾尖，葉末端有紅色葉緣。花期冬、春季，花大型，鐘狀花微向下方開張，花橘紅色。

▲錦晃星 'Ruby' 的栽培種，與紅晃星外觀相近，但葉質地厚實，披針形葉，末端較圓潤。

紅晃星 *Echeveria harmsii*
葉質地薄，匙狀的披針葉較長，葉末端較尖。

Echeveria pulvinata 'Frosty'
雪錦晃星

| 別　名 | 銀晃星、雪錦星 |

中名沿用台灣常用俗名。栽培種名 'Forsty'
有霜白的意思。為錦晃星族群選拔出來，葉
色較雪白的栽培品種。

形態特徵

　　本種葉幅較寬，葉面也較平展；中肋
處微向內凹。分枝性較不明顯，因白色短
毛狀附屬物多，造成葉色雪白，並不具有
紅色葉緣的品種。

▲株徑較大，葉幅較寬，
常見約 9～10 公分之間。

▶質地厚實，翠綠色的葉與
白色短毛對比下相當美麗。

Echeveria purpusorum
大和錦

繁　殖｜葉插繁殖。大和錦葉片包覆緊密，冬、春季換盆時輕輕左右晃動下位葉，確認葉片已經自母株上鬆動後再剝離下來，葉基部白色處保留的越完整，越有利於葉插繁殖。

分布墨西哥南部，常見生長在乾燥炎熱地區。種名 Purpusorum 乃為紀念 18 世紀德國植物分類學家 The Purpus 兄弟，Carl A. Purpus（1851 ～ 1941） 及 Joseph A. Purpus（1860 ～ 1932）。大和錦雖為夏季生長型品種，栽培時以春、夏季之間生長良好。進入盛夏或夏、秋季時，仍需注意局部遮光及放置於通風良好處，避免高濕及悶熱環境。十分耐旱，不需經常給水，栽種時首重排水良好的介質。

▲大和錦栽培得宜，株徑也能超過 12 公分以上。

▌形態特徵

　　本種生長緩慢；常見單株生長，莖短縮不明顯，成年老株也會有短直立莖。成株葉片約 15 ～ 20 片堆疊而生，株徑約 6 ～ 8 公分之間。個體間會有些差異。植株外觀十分緊密，三角形或寬卵圓形葉質地肥厚，有紅色尾尖。葉色以灰綠色為主，葉緣及葉背中肋處會有紅褐色葉緣，葉面上有不規則的深綠色斑塊；光照充足時，葉背紅褐色的斑塊較明顯。花期在春、夏季之間，花莖長約 20 ～ 30 公分，單軸聚繖花序，由 6 ～ 9 朵小花構成，花莖不分叉。花橘紅色，開放後為鮮黃色。另有錦斑栽培品種，稱為黃斑大和錦。

▶市售的大和錦小苗。

▲葉插繁殖的大和錦幼苗。

Echeveria 'Ben Badis'
苯巴迪斯

繁　　殖	扦插

中名以其栽培種名 Ben Badis 音譯而來。據
International crassulaceae network 資料上說
明，為大和錦與靜夜（*Echeveria purpusorum*
× *E. derenbergii*）的雜交種。栽培管理容易
並不難栽培，極具潛力成為花市常見品種。

形態特徵

　　莖短縮不明顯，為中小型種；單株直
徑約 5 ～ 8 公分。外觀保留了親本的特色，
具有大和錦的紅色葉緣及尾尖；近三角形
的葉片較圓潤或呈卵圓形；葉背中肋處略
隆起形成龍骨狀。葉色受另一親本靜夜的
影響，葉灰白色或近灰綠色，葉面具薄白
粉。光照充足時紅色葉緣表現較佳。

▲日照充足，葉緣及葉尖上的
紅彩表現較佳。

◀苯巴迪斯以頂
芽交易時的商品。

▶苯巴迪斯的小苗，灰
綠色的葉質地厚實。

205

Echeveria 'Monocerotis'
麒麟座

中文名為其栽培種名 Monocerotis 翻譯而來。由大和錦與七福神（*Eecheveria purpusorum* × *E. secunda* 'Pumila'）雜交選拔出的後代。栽培時光線充足，葉色表現會較佳，葉片具光澤。外型與阿吉塔玫瑰 *Echeveria* 'Agita rose' 相似，阿吉塔玫瑰葉色較白，質地較薄且葉面上無不規則的暗綠色斑塊。

▲株型較鬆散，葉形較狹長，麒麟座明顯有大和錦的影子。

▌形態特徵

為中小型品種，葉片光滑肥厚，外觀與大和錦相似，倒三角形的葉片上滿布橄欖綠色的斑塊，具有紅褐色葉緣及尾尖，較大和錦葉片狹長，葉緣有內凹的微波浪狀緣，看似葉緣出現向內的皺褶。

▲葉背隆起及暗紅色葉緣，均保有親本大和錦的特色。

麒麟座錦 *Echeveria* 'Monocerotis' variegated
圖為逆斑表現的個體。逆斑並非黃化個體；黃化植株最終會因缺乏葉綠素而亡。逆斑特指葉斑分布面積較大，如同葉片的底色時稱之，但逆斑的葉片內仍有葉綠素，植株仍能在高度錦斑的狀態下存活。

Echeveria 'Yamatomini'
大和美尼

擬石蓮屬

別　　名	大和戀
繁　　殖	分株

中名譯自日文栽培種名やまとみに而來。本種為花市常見的中小型品種，極易增生側芽，栽培管理容易，並不難栽培。為早年引入台灣的日系雜交種，但相關育種起緣無法考據。據說是大和錦與迷你馬（*Echeveria purpusorum* × *Echeveria minima*）的雜交種。

▲具紅色葉緣及尾尖，有母本大和錦的影子。

▌形態特徵

　　單株株徑不達 5 公分，成株易自基部產生側芽，叢生植群約 8 ～ 10 公分。仍有母本大和錦的影子；葉片呈三角形或寬卵圓形，質地肥厚有光澤，具紅色尾尖，但整體質地較薄，葉緣及葉背中肋處同樣呈紅褐色，葉面上有細碎暗紅色斑點。

▲株型小且葉片質地較薄，但葉片上也有暗紅色斑點。

▲葉色較綠的個體；大和美尼栽培管理容易。

207

Echeveria runyonii
玉蝶

別 名	魯氏石蓮、魯氏玉蓮
繁 殖	葉插、分株

原產自北美、墨西哥一帶。中名以台灣花市流通的中名而來。生長迅速,對台灣平地氣候適應良好,越夏也容易。本種易生側芽,若未分株,易形成叢生狀植群。以玉蝶為親本雜交選拔出來的各類栽培品種,適應性佳且生長勢強健,栽培管理及越夏也容易。

▌形態特徵

為中型品種,栽培得宜時株徑可達 15 公分,老株具有短直立莖。灰白色的匙狀葉片,葉後半部葉幅較寬且圓,末端中肋處具有尾尖。葉片輪生呈現標準的蓮座狀葉序,葉面覆有白色粉末。花期春、夏季之間,花色偏橘紅色至粉紅色之間。

◀形質俱佳的玉蝶,適應台灣氣候,為建議新手栽培的品種之一。

玉蝶錦 *Echeveria glauca* 'Variegata' / *Echeveria* 'Lenore Dean'

Echeveria 'American Dream'
美國夢

| 異　名 | *Echeveria* var. *monster* |

為石化選拔出來的栽培種，但因引種資訊不詳，無法考據源由。中名沿用台灣花市俗名及常用學名標註本種。為中小型栽培種；自部分美國夢因返祖現象，失去石化特性還原後的植株圖片資料，研判極可能是玉蝶中的某種栽培品系因石化後選拔出來的栽培種，因此本書暫歸納於玉蝶各類栽培品種中一併討論。

▲美國夢石化的特徵已較不明顯的個體。

▲石化特徵中度表現的個體。

▲高度石化的個體，葉形出現缺刻，葉質地厚實及葉面有縱向不規則突起。

Echeveria 'Cassyz'
凱西

異　名	*Echeveria runyonii* hyb.
別　名	粉紅台閣

玉蝶雜交出來的栽培種，但另一親本無法考
據。台灣常用中文名乃從栽培種名 Cassyz
音譯而來。

▎形態特徵

　　日夜溫差大時，葉片會呈紅色調，且
葉片末端中肋處具有鮮紅色尾尖。

▲較玉蝶葉片更為厚實。

▲葉片粉紅色及紅色的
尾尖，與玉蝶不同。

▶葉形呈寬匙狀。

Echeveria 'Liberia'
利比亞

| 異　名 | *Echeveria runyonii* hyb. |

中型品種。中名以其栽培種名音譯而來。為
特葉玉蝶的園藝雜交種，但另一親本已經無
法考據。灰綠色的匙形葉，葉末端有尾尖，
葉略有反葉及微波浪狀緣特徵。

▲利比亞的葉緣略具微波浪狀。

▶下位葉反葉的
特徵較明顯。

Echeveria sp.
暗黑力量

中名沿用台灣常用俗名。本種具有反
葉的特徵，極可能是特葉玉蝶的雜交
選拔後代，但因引種資訊不詳，暫歸
納於玉蝶的各類栽培品種中。

▶葉色較深，葉
面具光澤。

211

Echeveria 'Swan Lake'
天鵝湖

天鵝湖中名以其栽培種名翻譯而來，為特葉玉蝶與莎薇娜的雜交後代（*Echeveria runyonii* 'Topsy Turvy' × *E. shaviana*）。

▌形態特徵

為中大型品種，葉片有明顯的反葉現象，葉色略呈灰紫色調。

▶ 全株覆有白色粉末，新葉及老葉有反葉特徵。

Echeveria runyonii 'San Carlos'
聖卡洛斯

別　　名｜新玉蝶

中文名以其栽培種名 'San Carlos' 直譯而來。自玉蝶中選拔出來葉片厚實，葉色較白的栽培品種。為中大型品種，本種不易增生側芽，利用葉插時，葉片的出芽較低；需利用頂芽切除的方式，促進側芽增生後再分株繁殖。

▲ 限縮栽培於三寸盆的植株，但若栽於較大盆器，株徑可達 10 公分以上。

▶ 為玉蝶中的選拔種，葉幅較大葉形圓潤。

Echeveria runyonii 'Topsy Turvy'
特葉玉蝶

異 名	*Echeveria* 'Topsy Turvy'
別 名	反葉石蓮

為葉片特化或突變的栽培品種。栽培種名 'Topsy Turvy' 字意有顛倒、混亂的意含。本種生長快速，頗能適應台灣平地氣候，越夏容易；為台灣花市常見的品種。

形態特徵

　　為中大型品種，栽培得宜時成株株徑可達 15 ～ 20 公分以上。灰白色或藍灰色的匙狀葉片質地厚實，葉全緣，葉面覆有白色粉末。葉末端具有尾尖，葉形特殊，葉片自中肋向葉背反捲。花期春、夏季之間，長花莖自葉腋中抽出，花橙黃色為主。

▲單株栽培，管理得宜，株徑也能近 15 公分以上。

▲特殊的葉型為特葉玉蝶最引人注目的特徵。

▲特殊的灰白色或灰綠色葉片，具有薄白粉。

213

Echeveria secunda
七福神

異　　名	*Echeveria secunda* var. *metallica* ／ *Echeveria* × *imbricata*
繁　　殖	葉插及側芽扦插

原產自墨西哥。早年引入台灣，現行在台灣各地均有零星栽培，也常見將其栽植於蛇木板上，呈現特殊的園藝趣味，頗能適應台灣氣候，栽培容易。學名較為混亂，暫以 *Echeveria secunda* 表示。可能是變種 var. *metallica*。部分資料認為其乃天然雜交種 *Echeveria* × *imbricata*。

▲七福神生命力旺盛，老莖常呈現懸垂姿態。

▌形態特徵

　　為中大型品種，最大株徑可達 15 公分。有短直立莖、粗壯短縮，基部易增生側芽，莖節上易生氣生根。淺綠、灰綠或灰藍色的匙形葉，互生至輪生於短莖上，葉序呈蓮座型排列。葉全緣、末端有尾尖，覆有白粉。冬季日夜溫差大時，葉緣轉紅或出現紅暈。花期春、夏季之間，花序自葉腋伸出，淺橘色鐘形花，花瓣末端呈黃色。

▲莖基部易生側芽，呈叢生姿態。

▲單株種植，常見市售 3 寸盆的商品。

Echeveria setosa var. *ciliate*
王妃錦司晃

異　　名	*Echeveria ciliate*	
繁　　殖	扦插	

原產自墨西哥，為錦司晃的變種。中名應沿用日文俗名おうひきんしこう而來。凡日文俗名中出現「姬」、「王妃」、「達摩」之名，均含有小型種或特別肥短圓潤之意。

形態特徵

　　單株直徑約 5 ～ 8 公分，成株後易自基部產生側芽，叢生後植群可達 15 ～ 20 公分。灰藍色的匙狀或長匙葉片，近輪生於短莖上，葉全緣具有紅色尾尖。葉面及葉背均有毛狀附屬物，但葉面稀毛。花期夏、秋季，花莖短，花為橘紅色筒狀花，花瓣末端黃色。

▲葉面有紅色尾尖。葉色及短毛狀附屬物會因生長環境略有變化。

◀王妃錦司晃為中小型種，具有灰藍色的葉片，葉面上具絨毛狀附屬物。

215

Echeveria setosa var. *deminuta*
姬青渚

異　　名	*Echeveria rondelii*

與王妃錦司晃一樣，同為錦司晃的變種。中名沿用日文俗名姬青い渚而來；韓國則稱為小藍衣。為中小型品種，單株直徑 2 ～ 6 公分左右；成株易自基部產生側芽，叢生後植群約 10 ～ 12 公分。灰藍色的匙狀葉，輪生於短莖上。葉全緣有尾尖，但尾尖處及葉末端常有疏毛。

▶ 姬青渚株型更小，但葉面上的毛狀物不明顯。

Echeveria 'Nagisa-no-Yume'
渚之夢

中名沿用日名渚の夢而來。引自日本的栽培種。親本可能為拉威雪蓮與青之渚（ラウイ *E. laui* × 青い渚 *E. setosa* var. *minor*）所雜交選拔出來的後代。與姬青渚一樣對於台灣北部平地氣候適應性良好，夏季高溫悶熱季節，注意通風的維持，均能順利越夏。本種於葉序心部，常有不規則狀的血色繡斑特徵。

▲ 葉序心部的血色繡斑狀似被吐了口檳榔汁的錯覺。

Echeveria 'Bombycina'
白閃冠

英文名 | Velvety echeverias

中名以台灣常用俗名訂之。據 Internationak crassulaceae network 資料記載，為 1933 年由法國人 Pierre Gossot 以錦司晃及錦晃星（*Echeveria setosa* × *E. pulvinata*）雜交育成。本種對台灣氣候適應性佳，栽培管理容易，越夏不難。特殊帶有長絨毛狀的葉片，為擬石蓮屬中極具特色的品種之一。

▌形態特徵

具直立莖，株高約 30 ～ 50 公分。單株直徑約 8 ～ 10 公分。綠色匙狀葉，兩側微向中肋反摺，互生或近輪生於短莖上，葉面覆有較長的絨毛狀附屬物；葉全緣有尾尖。花期於夏、秋季之間；花呈橘紅色。

▲葉面密生短絨毛。

▲市售三寸盆的白閃冠商品。

▲背光下拍攝，植株帶有銀色反光；葉片會向中肋處反摺形成匙狀葉。

217

Echeveria shaviana sp.
莎薇娜

異　名	*Echeveria shaviana* 'Truffles'
別　名	祇園之舞
繁　殖	葉插或分株。本種極易葉插，可使用下位葉或花莖上的肉質小葉扦插，均能繁殖。

中名以其種名音譯而來。原產墨西哥北部（Tamaulipas, Nuevo León）等地山區。大多生長在背陽面或石礫、疏林底層。本種於原生地外觀變化性大；自莎薇娜族群中人為選拔出來的品種也多，不同地區又有其栽培種名稱，由於近年大量引種資訊不詳，能參考的資訊不多，在近似種均以學名 *Echeveria*

▲早年引入台灣的莎薇娜可能為日系選拔品種，因為早年中文名稱為祇園之舞。

shaviana sp. 表示，部分則以台灣市場上能參考的栽培種名作為異學名表示。

莎薇娜對光線的適應強，居家栽培時，置於光線明亮至充足環境下均能生長；本種易受粉介殼蟲為害，在好發季節，可能需定期噴布殺蟲劑以減少蟲害的發生。

建議入夏前可大量繁殖，利用充足的備份方式越夏。入夏後下位葉易開始乾枯，若過度給水會發生細菌性的病害造成全株腐爛，建議以營造低夜溫及放置於乾燥通風環境協助越夏。

▌形態特徵

多年生肉質草本植物，莖短縮不明顯；為中小型品種，單株直徑可達 10～15 公分，成株後易自莖部增生側芽。灰白色的長匙狀葉，互生近輪生於短莖上。葉全緣，具有不規則波浪狀緣，葉末端有尾尖，全株覆有薄白粉。花期春、夏季之間，花橘紅色。

▲葉緣呈不規則波浪狀緣，為本種鑑賞的特徵。光線充足下株型緊緻，波浪狀葉緣表現良好。

Echeveria shaviana sp.
粉紅莎薇娜

| 異　名 | *Echeveria shaviana* 'Pink Frill' |

為莎薇娜族群中，粉紅色葉及粉紅色葉緣的選拔品種。

形態特徵

近似種外形相似，但與莎薇娜一樣為中小型的品種，株徑 10 ～ 15 公分之間。粉紅莎薇娜常用栽培種名 'Pink Frill' 表示，栽培種名為粉紅色摺邊的意思。

▲葉緣及葉色帶有粉紅色調，具這類特徵的莎薇娜品種，都可統稱為粉紅莎薇娜。

◀於台灣中部低海拔山區栽培的粉紅莎薇娜，因日夜溫差大，粉紅色的質地表現更佳。

▶粉紅莎薇娜，於平地環境下栽培的表現。

Echeveria shaviana sp.
晚霞之舞

| 異　　名 | *Echeveria shaviana* 'Madre Del Sur' |

為莎薇娜族群中選拔出來的栽培品種，本種的粉紅葉色表現較為淡雅，株型可達 15 公分以上。葉幅較寬，波浪狀葉緣的表現較平整。因近年自韓國引入，中名沿用韓國俗名稱為晚霞之舞，栽培種名以 'Madre Del Sur' 表示。

▲葉灰白色，具明亮的粉紅色葉緣。

◀晚霞之舞為近年大量引入的莎薇娜品種之一，株型碩大。

Echeveria 'White Ghost'
白鬼

別　名｜白幽靈

為莎薇娜與玉蝶（*Echeveria shaviana* ×
Echeveria runyonii）的雜交種，中名常以栽
培種名 'White Ghost' 翻譯而來。莖短縮不
明顯，灰白色或近白色的匙狀葉輪生於莖節
上，葉緣具有白邊及波浪狀表現。另有石化
品種。

▲白鬼栽培於光線明亮處，波
浪狀葉緣表現較不鮮明，株型
較開張。

白鬼石化 *Echeveria* 'White Ghost' monster
株型小，葉質地及波浪狀緣的摺邊較厚實，葉
面具不規則的縱帶狀突起。

▲光照充足，栽培於日夜溫差較大的環境
下，白鬼株徑可達 15 公分左右。

▲白鬼在台灣環境適應性佳，栽培管理容
易，越夏不難；未來可望成為市面常見的流
通品種。

Echeveria 'Neon Breakers'
霓浪

中名以台灣常用俗名訂之，栽培種名為 'Neo Breakers'。為美國 Renee O'Connell 先生以粉紅莎薇娜為親本與 *Echeveria cante* × *E. shaviana* 的非專利品種雜交育成；於 2010 年取得美國專利品種。本種株徑可達 20 公分以上，具有特殊紫紅色或灰紫色的葉色變化，以及明亮粉紅色的波浪狀葉緣。除了外型亮麗之外，霓浪的抗病抗蟲性佳，生長勢佳沒有明顯的休眠期。

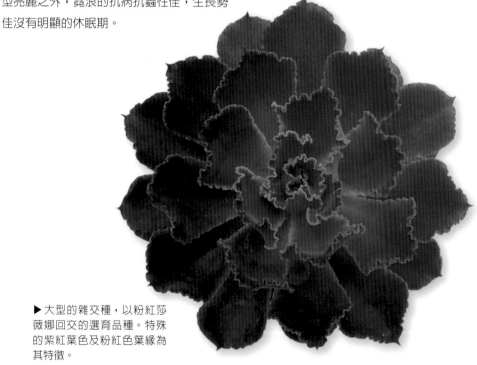

▶ 大型的雜交種，以粉紅莎薇娜回交的選育品種。特殊的紫紅葉色及粉紅色葉緣為其特徵。

Echeveria sp.
大型捲葉石蓮

| 繁　　殖 | 頂芽及側芽扦插 |

園藝雜交栽培種，中名沿用日本俗名而來。常因為引種資料及其來源已無法考據，且近來大量引入類似栽培品種，外型相似僅就葉面上瘤狀變化及葉色差異而有不同的栽培種名；本書中均以 sp. 方式註名或以近似的栽培種名表示。

據 International crassulaceae network（ICN）資料記載，這類大型捲葉石蓮都有共同的親本 *Echeveria gibbiflora* 或 *Echeveria crenulata*（*E. gibbiblora* 'Crenulata'），中名沿用日、韓俗名，譯為紫雲舞或仙女花笠。親本產自墨西哥，株高可達 30 ～ 50 公分，開花時株高可達 1 公尺左右。單株直徑可達 50 ～ 60 公分的大型種。紅褐色圓形葉，互生於莖節上，具波浪狀葉緣。花期春、夏季之間，花橘紅色。多數品種為加州 Dick Wright 先生所育成。

這類大型的園藝雜交種，對台灣氣候適應性良好，平地栽培及越夏也容易，但夏後莖會抽高，可於秋涼後進行頂芽切除扦插，更新植株，移除頂芽後的下位葉能產生側芽，再剪取下來繁殖；若不繁殖也能栽培成樹型姿態的盆景株型。

▍形態特徵

　　中大型種，株徑可達 30 ～ 50 公分，生長迅速，短直立莖粗壯明顯，落葉後會有明顯的葉痕。若限盆栽培，株型也能栽培在 5 寸盆內。厚實的圓形葉具有波浪狀緣，看似大型的捲葉萵苣或是高麗菜；雖有波浪狀緣，但葉末端也具有尾尖；葉片均覆有薄白粉。花期春、夏季之間。台灣趣味栽培者以女王花笠這系列大型石蓮進行在地雜交育種，來年將會有不少選拔出來的栽培品種。

女王花笠 *Echeveria* 'Meridian'

異名：*Echeveria* cv. Meridian

據 ICN 資料記載，1964 年由加州 Dick Wright 先生，以仙女花笠或稱乙姬 *E. crenulata* 為母本育成的品種。

▲女王花笠幼苗葉色較紅。

▲女王花笠成株後，葉序較鬆散，有大波浪狀葉緣，葉面上具鮮明的不規則瘤狀增生物。

高砂之翁 *Echeveria* 'Takasago No Okina'

異名：*Echeveria* cv. Takasago No Okina

據 ICN 資料記載，育成年代不詳，為日系雜交品種，親本極可能是仙女花笠與銀明色（*E. crenulata* × *E. carnicolor*）的雜交後代。

▲高砂之翁幼株葉色較白。

▲高砂之翁成株後，葉序緊緻、波浪狀葉緣鮮明，葉片無明顯增生的瘤狀物。

狂野男爵
Echeveria 'Baron Bold'

據 ICN 資料記載，1970 年由加州 Dick Wright 先生育成，親本不詳。本種匙狀葉有尾尖；不具波浪狀葉緣互生於莖節上。於葉面中肋處會有瘤狀隆起。日夜溫差大時全株葉色轉紅。

▲葉中肋有不規則突起。

藍狐
Echeveria 'Blue Curls'

據 ICN 資料記載，栽培種名由 Bev Spiller 命名，親本不詳。本種具有灰藍色葉，卵圓形的葉具有紅色波浪狀葉緣；略有薄白粉

▲葉面帶有灰藍色質地。

康康
Echeveria 'Can Can'

據 ICN 資料記載，僅知為加州育成的大型品種。單株直徑可達 35 公分以上。外型與高砂之翁相似，灰綠色的圓匙狀葉互生於莖節上，具厚實的紅色波浪狀葉緣，有重波浪狀葉緣（the margins are doubly crenulate），即波浪狀葉緣上還有較細的波浪狀或鈍齒狀葉緣。

▲波浪狀葉緣狀似舞裙。

乙女之夢
Echeveria 'Culibra'

中名沿用日文俗名乙女の夢而來。據 ICN 資料記載，1980 年同樣由加州 Dick Wright 先生育成，親本不詳。葉面上具有瘤狀物，葉片反捲近似筒狀葉。

▲葉反捲近似筒狀。

桃樂絲
Echeveria 'Dorothy'

中名以栽培種名 Dorothy 音譯而來;中國則音譯為多蘿西。為美國 Harry M. Butterfield 先生於 1950 年育成之品種。為大型捲葉石蓮中株型略小的品種之一,隨著株齡增加,主幹增高。波浪狀的葉緣於不同季節,會有紅綠色或藍綠色的變化。

▲為大型捲葉石蓮中的經典品種,波浪狀的葉緣會有不同的色彩變化。

▲葉面帶有白色粉末狀附屬物。

紫藍金剛
Echeveria 'Etna'

據 ICN 資料記載,1981 年由加州 Dick Wright 先生命名,由其母親 Denise Manley 女士育成。紫藍金剛親本(*Echeveria* 'Barbillion' × *E.* 'Mauna Loa')均為 Dick Wright 先生育成的栽培種品種。花粉親 —— 瘤女王 *E.*'Mouna Loa' 乃 1976 年加州 Dick Wright 先生以仙女花笠 *E. gibbiflora* 'Carunculata' 育成的品種。
卵圓形葉具有微波浪狀緣,於葉面中肋及葉面有大面積瘤狀突起。

心之喜悅
Echeveria 'Heart's Delight'

據 ICN 資料記載為加州 Dick Wright 先生育成,為雨滴的姐妹株。中型品種,單株直徑 15 ～ 20 公分之間。
灰藍色的寬匙狀葉,葉全緣有尾尖。不具波浪狀緣;葉末端具大型的瘤狀突起;全株略有薄白粉。

▲葉末端具塊狀突起。

林瓜絲
Echeveria 'Linguas'

中名以其栽培種名 Linguas 音譯而來，由美國 Dick Wright 先生於 2008 年育成之品種。母株直徑可達 12 ～ 15 公分以上。

▲葉面有大面積規則狀的瘤狀突起。

雨滴
Echeveria 'Rain Drops'

據 ICN 資料記載為加州 Dick Wright 先生育成。中型品種，單株直徑 15 ～ 20 公分。灰藍色的匙狀葉，葉全緣有尾尖，日夜溫差大時葉色帶有紫色調。葉末端近 1 / 3 處會有圓形瘤狀突起。全株略有薄白粉。圖為幼株，圓形瘤狀突起較不鮮明。

彩雕石
Echeveria 'Paul Bunyan'

據 ICN 資料記載為加州 Dick Wright 先生較早期育成的品種。1960 年以仙女花笠與艾德娜•斯賓塞（*E. gibbiflora* 'Carunculata' × *E.* 'Edna Spencer'）育成的後代。外觀與紫藍金剛相似，灰藍色的寬匙狀葉具有微波浪狀緣，但葉面上的瘤狀物較小也較少，僅於中肋處附近有突起。

▲葉中肋近基部有突起。

▲成株葉片不規則反捲。

海龍
Echeveria 'Sea Dragons'

據 ICN 資料記載為美國 Renee O'Connell 育成的栽培品種。外觀與藍狐相似，灰藍色的圓匙狀葉互生近輪生於莖節上，淡粉紅色葉緣重波浪狀（重鈍齒狀）；葉面上會有瘤狀突起。

▲葉緣具高度波浪狀緣。

紅龍
Echeveria sp.

引種資訊不詳，無法考據其來源。中名以台灣花市俗稱而來。

▲葉色鮮紅的品種。

戰斧
Echeveria 'Securis'

本種由台灣景天科玩家許滋文先生於 2014 年育成，並登錄於 ICN（International Crassulaceae Network）。大型捲葉石蓮成株後葉型的表現會較明顯。戰斧為中大型的捲葉石蓮品種間雜交而成。成株後葉型分別會有偏親本雨滴或紫龍兩種不同型態；稱為戰斧 —— 雨滴及戰斧 —— 紫龍。

▲栽於 5 寸盆中的苗，其特徵仍未顯現。

Echeveria minas
米納斯

| 繁　殖 | 扦插 |

原產自墨西哥。中名以栽培種名音譯而來，因譯音米納斯與維納斯接近，台灣花市常以美麗的希臘女神尊稱它。

形態特徵

　　為中大型品種，單株直徑可達 15 ～ 20 公分。綠色的長匙葉具光澤，葉全緣，具尾尖及紅色的微波浪狀葉緣。

▲暗綠色的葉具有紅色葉緣。

Echeveria minima
迷你馬

| 別　名 | 姬蓮、迷你蓮 |

中名乃種名音譯而來，為台灣常用俗名。原產墨西哥。自種名字根 mini 可知為小型種。株高約 3 ～ 5 公分之間，單株直徑 4 ～ 5 公分。易呈叢生狀；綠色葉片覆白色粉末，厚實的匙狀葉近輪狀排列生長於短縮莖節上，葉末端有紅色尾尖。另有株型較大的白色型 'White Form'，和株型較小、葉色偏灰藍色質地的藍色型 'Blue Form' 栽培品種。

▲迷你的株型與堆疊葉系，造型很吸睛。

Echeveria strictiflora
廣葉劍司

異　名	*Echeveria strictiflora*（*Bustamante*）
英 文 名	Desert savior
繁　殖	常見以播種方式繁殖；褐色或咖啡

色的種子細小。

原產自美國德州及墨西哥北部山區，常見生長在海拔 1100 ～ 2100 公尺開闊、岩石地的山丘緩坡上。劍司葉色較灰綠。台灣花市流通的廣葉劍司，葉色灰白或銀白，葉幅較寬，應是產自布斯塔曼特（Bustamante）的品種。本種耐旱性佳，喜好陽光充足、通風乾燥的環境，較不耐寒。生長適溫 10 ～ 25 度間，台灣夏季可略遮蔭並增加通風，以利越夏。

▲葉面覆有銀白色粉末。

形態特徵

　　中型品種，成株株徑可達 15 公分。莖短縮，灰綠色長匙狀或卵圓形葉片，互生近輪生於短縮莖上，葉末端漸尖，葉全緣；葉面覆有白色粉末；成株後葉末端或葉緣向上反捲。花期夏、秋季，花莖長可達 40 公分左右，花橘紅色。

▲廣葉劍司葉幅寬。

Echeveria strictiflora v. *nova*
劍司諾瓦

與廣葉劍司一樣同為劍司的變種。中文名以
其變種名 nova 譯為諾瓦，稱為劍司諾瓦。

▎形態特徵

為劍司具有暗紅色葉緣的變種。長匙
狀的葉形較狹長，葉幅較窄。葉全緣，成
株後葉末端會向上反捲。

▶ 具有明顯的
紅色葉緣。

◀ 環境得宜時株
形較緊緻。

231

Echeveria subrigida

沙博姬

中名以種名音譯而來，原產自墨西哥，為大型品種。寬卵形的白色葉片，葉覆白色粉末狀附屬物，葉全緣，具有紅色葉緣。成株時株徑可達 40～50 公分左右。

▶葉面覆有白色粉末，在光線下有著灰藍色或灰綠色的質地。

◀紅色葉緣，與淡雅的葉片形成強烈對比。

Echeveria tolimanensis
杜里萬蓮

▲長披針或近棒狀葉，造型特殊。

| 繁　殖 | 葉插，可使用花莖上的小葉進行葉插繁殖。 |

原產自墨西哥。中文名以其種名 tolimanensis 音譯而來。本種對台灣的適應性佳，栽培管理容易越夏不難。

形態特徵

　　為中大型品種，單株直徑約 20 公分。莖短縮不明顯，約 5 公分左右。灰白色的長披針或近長棒狀葉片，輪生於短莖上，外型與常見的擬石蓮屬植物差異很大。葉全緣具有褐色尾尖，葉面具有薄白粉。花期春、夏季之間。於莖頂處附近葉腋抽出花莖，花莖上有肉質小葉，花橘色。

▲葉面上有薄白粉，淡褐色的尾尖。

▲花期可連續抽出 3 ～ 5 枝花序。

Echeveria unguiculata
魔爪

繁　殖｜葉插及分株

中名沿用台灣花市俗名。產自墨西哥
Tamaulipas 西南部及 San Luis Potosí 東部等
地。為岩生植物，常見生長在岩石隙縫處。
在原生地以蜂鳥為授粉媒介。

▍形態特徵

　　魔爪外型獨具，紫黑色近棒狀的葉
片，叢生於短莖上。短莖約 5 公分高，莖
幹直徑約 1 ～ 1.5 公分。株徑約 10 ～ 15
公分。成株後棒狀葉片會微向心部彎曲，
呈包覆狀，葉全緣，具白色粉末附屬物，
葉末端有暗黑色長尾尖。

▲紫黑色的棒狀葉片，略向心部彎曲包覆。

▲有別於常見的石蓮，魔爪外型獨特；葉面有白色粉末狀附屬物。

234

Echeveria 'Agita Rose'
阿吉塔玫瑰

繁　殖 | 扦插

中名以其栽培種名而來，品種資訊沿用台灣花市標註之名稱而來。於 ICN 上並未記載本雜交種及其相關親本資料。具有暗綠色葉與紅色葉緣外觀特徵，與米納斯或大和錦的雜交種 —— 麒麟座相似。

形態特徵

　　爲中大型種，有短直立莖，株徑可達 10 ～ 15 公分。暗綠色的長匙狀葉末端較鈍圓，互生近輪生於莖節上。具紅色葉緣、中肋略凹陷；葉全緣具尾尖。

▲外觀與大和錦的雜交選拔栽培種麒麟座相似，但阿吉塔玫瑰的葉末端葉幅較寬，外形看似較爲渾圓。

▲全日照或光線充足下阿吉塔玫瑰的株型表現。

▲葉背中肋部有暗紅色斑紋。

235

Echeveria 'Benimusume'
紅娘

擬石蓮屬

中名沿用日文俗名而來。近年自日本
引入的中小型栽培種。綠色長匙狀或
匙狀葉具光澤，於葉緣及葉背末端
1 / 3 處有紅彩，紅彩呈暈染狀分布。

▶ 葉緣及葉背末端 1 / 3
處具紅彩，自葉緣向葉肉
處呈暈染狀分布。

▲紅娘帶紅彩的葉色十分美觀。

Echeveria 'Blue Bird'
藍鳥

繁　殖｜扦插

中文名以其栽培種名釋譯而來。藍鳥為人為雜交選育出來的栽培種。部分資料提到藍鳥親本為凱特與老樂（*Echeveria cante* × *E. desmetiana* 'Subsessilis'）的雜交後代，據 ICN 資料說明其親本應為卡羅拉與養老（*Echeveria colorata* × *E. desmetiana*）。養老 *E. desmetiana* 與老樂為同個學名下的栽培選拔品種，學名應以 *Echeveria peacockii* 'Desmetiana' 表示為佳。

▲平地栽培管理容易，越夏不難。

形態特徵

　　為中小型品種，有短直立莖，株徑約 5 ～ 8 公分之間。厚實的匙狀葉，互生近輪生於莖節上，葉面中肋略突起，葉全緣具有紅色尾尖，葉面具有白色蠟質粉末。下位葉不易掉落，成株後易形成葉裙的姿態。

▲日夜溫差較大時，葉色有淡紅色或桃紅色的變化。

◀為近年引入品種，適合台灣平地氣候，建議新手栽培的品種之一。

237

Echeveria 'Blue Elf'
藍精靈

異　名	*Echeveria* 'Blue Apple'
別　名	藍天使、藍蘋果

亦常見以 'Blue apple' 栽培種名表示本種，但因引種資訊不詳，無法考據。近年引入的小型栽培種。易生側芽，形成叢生狀姿態。灰藍或灰綠的葉，互生近輪生於莖節上，葉面覆有白粉。葉末端葉尖處常有紅色斑點或斑彩的表現。

▲特殊的葉色，常有類似反光或特別明亮的質感。

藍精靈綴化 *Echeveria* 'Blue Elf' cristated
藍精靈綴化的多年生老株姿態。莖幹因生長點線狀化生長的緣故，莖幹呈扁平狀。

Echeveria 'Brown Rose'
布朗玫瑰

別　　名	褐玫瑰、棕玫瑰
繁　　殖	扦插

中名譯自栽培種名 'Brown Rose'，為近年引入的栽培種之一。適應性佳，栽培管理容易，越夏不難。

▌形態特徵

　　莖短縮不明顯，為中小型品種，單株直徑約 8 ～ 10 公分之間。灰綠色或近褐色的寬匙狀葉，輪生於短莖上。葉緣有短毛，具有尾尖。日照充足時，褐綠色的表現較佳，光照不足或栽培於明亮處葉色偏綠。

▲葉有尾尖，葉緣上有短疏毛。

◀特殊的褐色葉片，葉序包覆狀似玫瑰而得名。

Echeveria 'Derex'
德雷

繁　殖 | 扦插

中文名以栽培種名音譯而來，因缺乏較詳細
的引種資料，品種資料以台灣常用的學名表
示。德雷在台灣適應性佳，與大盃宴相似，
但德雷葉片不具光澤感，而大宴盃葉片帶有
光澤。德雷的老株和朧月屬的植株相似，帶
有較長的半蔓性莖。

▌形態特徵

　　中大型品種，單株直徑可達 10 ～ 15
公分之間；易自莖基部增生側芽。淡綠色
或黃綠色的寬匙狀葉互生於莖節上；葉全
緣具有尾尖。

▲日照充足下，葉片為黃綠
色，葉色特殊。

◀多年生的老欉，與朧月相似，會
略成半蔓性的姿態。

Echeveria 'Fiona'
費歐娜

中名音譯自栽培種名 Fiona 而來；中國則音
譯為菲奧娜或菲歐娜。為中型品種。葉色
呈紫紅至粉紅之變化，葉面有薄薄的白色
粉末狀附屬物，葉全緣具粉紅色葉緣，葉
末端有尾尖。

▶ 葉全緣，葉色以
紫紅色調為主。

Echeveria 'Flying Cloud'
飛翔雲

中名翻譯自栽培種名 Flying Cloud 而來。為
近年引入台灣的中大型栽培種。本種為美
國 Dick Wright 先生於 1962 年育成。為具
有錦斑變異的品種，淺綠色卵圓形葉，具
玫瑰紅的葉緣，葉面有淡白色斑駁狀錦斑。
葉形及葉緣會因栽培環境略有變化，呈長
卵圓至卵圓形。葉緣由波浪狀至淺缺刻狀
都有。

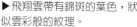

▶飛翔雲帶有錦斑的葉色，狀
似雲彩般的紋理。

擬石蓮屬

Echeveria 'Ginguren'
銀紅蓮

繁　殖｜扦插

中名沿用台灣常用俗名，栽培種名音譯為銀
紅蓮諧音。為近年大量自日、韓引入的擬石
蓮屬栽培種。外形與朧月及粉紅佳人類似，
常造成三種的混淆，但擬石蓮屬植物莖短縮
或不明顯，而朧月屬的植物如朧月及粉紅佳
人，莖直立或短直立莖，株形較高。

▎形態特徵

　　莖短縮不明顯。單株直徑約 8 ～ 10
公分之間。灰白色的匙狀葉，葉全緣具有
紅色尾尖；易自莖部產生側芽。

▲灰白色的葉質地厚實，具有紅色尾尖。

▲易自基部產生側芽。

Echeveria 'Hummel's Minnie Belle'
樹狀石蓮

異　名	*Echeveria* 'Minibelle'
繁　殖	扦插

中名沿用台灣常用俗名。據 International Crassulaceae Network 資料記載，另有異學名 'Minibelle'。另有近似種紅稚兒 *E. macdougallii*（株型及葉形較小），樹狀石蓮應為紅稚兒栽培選拔的栽培變種。

▲葉末端具尾尖及特殊的稜紋分布。

形態特徵

　　少數具短直立莖的品種，短莖基部易增生側芽，形成樹形姿態。葉序叢生在枝條頂梢。株高約 26 ～ 30 公分；植株叢生後直徑約 9 ～ 10 公分。卵圓形葉，光照充足及日夜溫差大時，紅色葉緣鮮明。葉末端具尾尖及特殊的稜紋分布。

Echeveria 'Hummel's Minnie Belle' vareigated
樹狀石蓮錦

為樹狀石蓮錦，斑葉變種。葉色較淺且質地較薄。葉面會出現黃色的邊斑或縞斑、覆輪變化。若光線充足及日夜溫差大時，黃色乳斑紋會有紅彩的表現。

▶錦斑變化多，單株上有邊斑、縞斑及覆輪的表現。

Echeveria 'Kessel-no-bara'
月迫薔薇

中名應沿用日名ケッセルノバラ而來,譯為月迫薔薇。近年自日本引入的中小型栽培種,外觀與月影相似。極可能是以月影為親本所雜交選育出來的栽培種。灰藍色的長匙狀葉,質地較為渾圓、厚實。葉末端微向心部反捲。

▶灰藍色的長匙狀葉,質地厚實。

Echeveria 'Kissing'
吻

中名以栽培種名翻譯而來,外觀與高砂之翁相似,為中小型種,近年自日本引入的栽培品種。對台灣適應性佳。波浪狀葉緣較不明顯,葉質地稍厚實,葉形呈卵圓狀,與高砂之翁寬卵圓狀葉形略有差異。葉色表現豐富,環境合宜時呈現紅彩及紅色葉緣。

▶葉質地厚實,稍有微波浪狀葉緣。

Echeveria 'Momotarou'
桃太郎

| 繁　殖 | 葉插或去除頂芽，促進側芽發生後，再切取側生的芽進行扦插繁殖。 |

中名以日文栽培種名翻譯而來，極可能為日系的雜交品種，為近年大量引進台灣的栽培品種。親本不詳，但極可能是吉娃娃與卡羅（*Echeveria chihuahuaensis* × *E. colorata*）的雜交種，起緣仍有待考據。桃太郎與其親本均十分相似；外觀不易判斷，僅知悉可能的母本吉娃娃（或稱吉娃蓮）為小型種，具有紅色尾尖。而卡羅拉相對為中大型品種，栽培條件得宜時除了具有紅色尾尖特徵外，葉片會轉為帶有紅彩色澤。桃太郎對台灣氣候適應性佳，栽培管理並不難，入夏後營造通風乾燥及低夜溫微環境，都能越夏成功。

▲越夏後植株，進入冬、春季後，日夜溫差大、日照充足環境下的表現。

▍形態特徵

　　莖短縮不明顯，單株直徑約 8 ～ 10 公分，成株後偶於基部產生側芽。灰綠色的匙狀葉輪生於短莖上，葉全緣具有紅色尾尖。日夜溫差大及日照充足時，葉緣及葉面上會出現紅暈，包覆的株型極為美觀。花期春、夏季之間，花橘紅色為主。

▲桃太郎開花，株徑可達 10 公分左右。

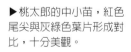

▶桃太郎的中小苗，紅色尾尖與灰綠色葉片形成對比，十分美觀。

Echeveria 'Peach Pride'
桃之嬌

別　名	碧桃
繁　殖	葉插及側芽扦插

園藝雜交種，親本不詳。桃之嬌中名以栽培種名 'Peach Pride' 翻譯而來。本種對台灣平地氣候適應性佳，生長迅速越夏容易，並不難栽培，也是花市裡常見的品種。

▋形態特徵

　　中大型品種，有短直立莖。灰綠色的匙狀葉，葉幅後半部較寬，具有尾尖，葉面覆有淡淡的白粉；生長環境合宜日夜溫差大及日照充足時，略呈心形葉。花期多、春季，鐘形花，花呈桃紅色。另有桃之嬌石化 'Monstrose' 品種：石化的桃之嬌葉面上具不規則縱斑，葉質地厚實，株型較小。

▲溫差明顯時，紅色葉緣表現較佳。

▲栽培在光線明亮下的石化桃之嬌。

▲桃之嬌石化植株的外型更為緊緻，葉質地變的更加厚實。

▲生長良好的桃之嬌，匙狀葉略呈心形。

246

Echeveria 'Perle von Nurnberg'
柏利蓮

別　　名	紐倫堡珍珠、紫珍珠
繁　　殖	葉插

園藝雜交種。柏利蓮中名以其栽培種名音譯；另有中文譯名稱為紐倫堡珍珠；中國則稱為紫珍珠。本種生性強健，適應台灣平地氣候條件，栽培管理容易。

▲日夜溫差大且日照充足時，紫紅色調會較明顯。

形態特徵

　　為中型品種，有直立莖，株徑最大可達 10 公分左右。灰綠色葉片於日照充足條件下呈現出紫紅色。匙狀葉互生至輪生於短縮莖上，葉全緣並覆有薄薄白粉；葉兩側微向上翹並微有中肋，末端有長尾尖。

▶市售常見的柏利蓮商品。

柏利蓮石化 *Echeveria* 'Perle von Nurnberg' monster
石化的個體，生長點石化變異的緣故造成植株性狀改變。

◀大量繁殖的柏利蓮。

247

珍珠之子
Echeveria 'Son of Pearl'
以柏利蓮為親本的雜交後代。中名以栽培種
譯名 'Son of Pearl' 珍珠之子，指的是紐倫堡
珍珠的後代之意。外觀與柏利蓮相似，但全
株具均勻的紅彩；有明顯的紅色葉緣。

▲與柏利蓮相似，但有紅
色葉緣。

魔力紅
Echeveria 'Magic Red'
可能是柏利蓮的兄弟株；株型與柏利蓮相似，
心葉葉色較為紅潤，呈現酒紅色；下位葉轉
色較不均勻，常見呈灰綠色。柏利蓮則全株
有淡粉紅或粉紫色調。

▲心葉部分，葉色較紅潤，
下位葉灰綠色。

西方彩虹
Echeveria 'Western Rainbow'
又名西彩虹。外型均與柏利蓮
相似，應該是柏利蓮錦斑的變
種。為近年引入台灣的擬石蓮
屬品種。

Echeveria 'Silver Queen'
銀后

為中大型品種。銀后據 ICN 資料上說明，乃由一種葉色呈銀灰或略呈暗色系的擬石蓮 *Echeveria craigiana* 所雜交選育出來栽培種。紫灰色長卵圓形或梭狀的葉質地厚實，與灰姑銀 *Echeveria affinis* 'Grey Form' 被誤認為同種，但銀皇后葉幅較寬，葉面覆有白色粉末狀附屬物。灰姑娘葉幅較小，葉面略具光澤；葉身較為渾圓，成株葉片數較少。

▶葉全緣，具有較長的尾尖。

◀灰紫色葉序呈蓮座狀排列。葉背中肋略隆起。

Echeveria 'Supia'
森之妖精

中名沿用日名森の妖精而來。中國則以其栽培種名音譯為酥皮鴨。於擬石蓮屬中，少數莖幹明顯的栽培品種，常見具有短直立莖或呈樹型的姿態。葉質地質厚，呈三角形或圓錐形，葉片中肋隆起明顯；具有紅色葉緣。葉序叢生於枝條頂梢。

▶ 多年叢生狀的老株。葉片具光澤感，白色粉狀附屬物不明顯。

Echeveria 'Yeomiw'
女美月

應近年自日本引入之栽培種，日名為エケベリアサン美人。女美月中名沿用台灣俗稱。本種對台灣的適應性佳。為中小型品種，蓮座狀葉序，葉末端具有桃紅色或紅色尾尖。葉面具白色粉末。栽培環境條件良好株型緊緻；葉面略有灰藍色質地。

▶ 栽培環境良好時株型緊緻，葉面有白色粉末附屬物，在陽光下帶有灰藍色的質地。

風月屬
Graptopetalum

又名屬景天屬、風車草，屬景主要分布在美洲及美墨西部墨西哥的地區，部分品種分布在海拔 2400 公尺山區，屬景下部分，數分品種分布在海拔 2400 公尺山區，主要下部分，主要下部分，有多年生葉，屬景品種跟光不足時的葉色變化。

　　肉質葉平滑，無波浪狀葉緣，常
見的葉色以灰綠色、粉紅色或帶有蠟
質的綠色爲主。花瓣 5～6 片，雄蕊
爲花瓣數的 2 倍。花瓣上具有斑點或
斑紋（部分品種則無）。爲避免自花
授粉，其雄蕊具有向後彎曲的特徵。

▲銀天女的花瓣末端也具有特殊斑紋。

▲朧月的花盛開後，雄蕊向後彎，避免自花
授粉。花萼、花瓣 5 片，呈星形花，花瓣上
有特殊的斑紋。

　　屬名 *Graptopetalum* 字根源自希
臘 文 graptos（painted, engraved 繪畫
及 標 記 ）和 petalon（petal 花 瓣 ），
屬名在形容本種花瓣具有斑紋的特徵
之意。

　　朧月屬與擬石蓮屬外觀相似，
親緣上與景天屬 *Sedum* 較爲接近。早
期在分類上，朧月屬曾歸類在景天屬
下，分類學家比對確認後再自景天屬
中獨立出來自成一屬。

▲美麗蓮具有美麗的花色，花型也大，但卻
不具本屬花瓣上應有的特殊斑紋特徵。

　　朧月屬的多肉植物也常以石蓮
來通稱，分別可與其近緣種擬石蓮
屬 *Echeveria* 及 景 天 屬 *Sedum* 植物
進行跨屬的遠緣雜交。若與擬石蓮
屬進行屬間雜交後的品種，學名則
以 ×*Graptoveria* 表示（由朧月屬

Graptopetalum 與擬石蓮屬 *Echeveria* 的屬名組成）；若與景天屬進行屬間雜交的屬名則以 ×*Graprosedum* 表示（由朧月屬 *Graptopetalum* 與景天屬 *Sedum* 的屬名組成）。

厚葉草屬與擬石蓮屬的屬間雜交種東美人 ×*Pachyveria pachyphytoides* 與朧月外觀相似，在台灣都是大量栽培作為食用的品種，兩者在葉形、花器構造及色彩上並不相同。

黛比
與擬石蓮屬的屬間雜交種。葉形保留了朧月屬的特徵；莖幹為短直立莖，葉色會轉為紫色或粉紅色色調。

▲朧月於生長期及日夜溫差較大時，葉色轉為紫紅色調；葉片大且較為平展，葉末端漸尖。

秋麗
與景天屬的屬間雜交種，綜合了兩屬葉片特徵。葉片肥厚碩大，半蔓性的枝條會呈地被狀生長。

▲ 5 片花瓣平展開張，但基部較接近；花瓣上有特殊的暗色斑點分布。

▲東美人的匙狀葉末端較圓潤，葉面不平展，葉片會略向心部微彎曲。

▲ 5 片花瓣開張時，花瓣不平展，且間隔較遠；花瓣上沒有特殊的縞斑，僅有紅色斑。

栽培管理

朧月屬相較於擬石蓮屬來說，在台灣的適應性佳，栽培也容易。多數品種及其屬間的雜交品種，夏季在台灣平地栽培並不困難，越夏也容易。

繁殖方式

扦插及葉插繁殖為主。除剪取帶頂芽的嫩莖進行扦插外，本屬的多肉植物葉插繁殖容易，由葉片扦插的小苗生長也較為快速，是初學栽培石蓮的一個入門屬別。

▲白牡丹葉插苗。

大盃宴
以頂芽扦插進行商業生產，生長勢較整齊。

Graptopetalum bellum
美麗蓮

異　　名	*Tacitus bellus*
英 文 名	Chihuahua flower
繁　　殖	葉插、分株及播種。可取成熟的下位葉放置於砂或蛭石上，以利葉片發芽成苗。

1972 年 Alfred Lau 先生於墨西哥西部奇瓦瓦州及索諾拉州邊界，海拔 1460 公尺山區發現。分布在陡峭地形，生長於石縫間，僅有部分時段可以接受到直射的光線。本種較不需強光或全日照環境，可栽培於半日照至光線明亮環境下。喜好乾燥排水良好的土壤。葉序緊密好發粉介殼蟲，應定期噴藥防治。

▲美麗蓮植株平貼於介質表面。葉形呈匙狀至三角形；成株後易自基部產生側芽。

▌形態特徵

　　葉灰綠色或紅銅色；匙狀至三角形葉末端尖，葉尖略帶紅色；葉片平展，葉序緊密呈蓮座狀排列。單株直徑可達 10 公分以上。易生側芽，呈現叢生姿態。莖不明顯或短，植株外觀像似貼於介質表面生長。花期春、夏季之間；花形大，單花直徑約 2 公分，為朧月屬中花形最大的一種。花粉紅色至鮮紅色；可自花授粉產生種子。

▲花色為鮮麗的粉紅色至鮮紅色。花瓣不具特殊斑紋為朧月屬中的例外，早年歸納在 *Tactius* 屬下。

朧月屬

Graptopetalum filiferum
菊日和

英 文 名	Stonecrop
繁　殖	分株

原產自墨西哥。菊日和是屬間雜交常用到的親本。特殊的長尾尖為本種特色。莖短縮不明顯及特殊的長尾尖，致使其雜交出來的栽培種，如銀星、菊日莉娜、瑪格麗特，都保有這樣的特徵。

▲葉質地較薄，葉序堆疊排列緊密。

| 形態特徵

　　多年生肉質草本，莖短縮不明顯，單株直徑在 8 ～ 10 公分，植株與美麗蓮一樣伏貼於地面生長，外觀像極縮小版或秀氣版的美麗蓮，成株後易叢生。灰綠長匙狀或長卵圓形葉片，成株後約有 70 ～ 100 片排列在短莖上，形成蓮座狀或葉盤狀的植株。葉全緣、有光澤，具白色葉緣，葉背略帶紅褐色，具有細長的尾尖。花序分枝，花瓣 5 開張向上開放。花呈白色、粉色或淡黃色，花瓣內具暗紅色斑紋。

▲菊日和莖短縮不明顯，具有長尾尖。

▲成株後易自基部產生側芽。

×*Graptoveria* 'Silver Star'
銀星

異　名	*Graptoveria* 'Silver Star'
繁　殖	易於基部增生側芽，待側芽夠大時切離母株，以分株方式繁殖。

為菊日和與東雲（*Graptopetalum filiferum* × *Echeveria agavoides* var. *multifidi*）屬間雜交種。在台灣適應良好，生長強健。葉片的排列十分有趣。但銀星易爛根，栽培時可能要注意水分的管理。光線充足有利於株型及葉序的展現，但露天直射光下葉片易發生晒傷，葉片質地反而不佳。

▲葉末端具有紅色長尾尖。

▌形態特徵

　　葉多數，以蓮座狀葉序堆疊。長卵形葉灰綠色，質地光滑。葉緣淡暈葉末端具長尾尖，葉尖紅。葉片具光澤感，係因葉肉組織結構的關係，葉片反射光線形成銀色光澤。

▲葉呈灰綠色，十分明亮，成株後易成叢生狀。

銀星綴化
× *Graptoveria* 'Silver Star' cristated

257

✕ *Graptoveria* sp.
菊日莉娜

異　　名	*Graptopetalum filiferum* ✕ *Echeveria* *lilacina*
別　　名	菊日麗娜
繁　　殖	分株及扦插

中名沿用台灣常用俗名，中名係綜合了親本中名而來。為菊日和與麗娜蓮（*Graptopetalum filiferum* ✕ *Echeveria lilacina*）屬間雜交的後代。

▲略帶粉色的葉序，層層疊疊很美觀。

形態特徵

　　外觀綜合了兩者親本特徵，長尾尖的特徵源自於母本菊日和，如同銀星、瑪格麗特均有相似的特徵。圓匙狀的葉片輪生於短莖上，葉面覆有薄白粉，成株後易自莖基部增生側芽。

◀菊日莉娜成株後，易自基部產生側芽。

×*Graptoveria* 'Margarete Reppin'
瑪格麗特

異　名	*Graptoveria* 'Margarete Reppin'
繁　殖	扦插

於 1997 年發表的新種，由澳洲育種家 Max Holmes 先生育成，以菊日和與白牡丹為親本（*Graptopetalum filiferum* × *Graptoveria* 'Titubans'）雜交的後代。栽培種名在紀念澳洲多肉植物蒐藏家 Margarete Reppinq 夫人。對台灣的適應性佳，栽培容易，越夏並不困難。

形態特徵

具有直立莖，單株直徑約 5 ～ 8 公分，易自基部形成側芽，成株後易成叢生狀。外觀結合了菊日和與白牡丹的特徵，灰白色的圓匙狀葉，包覆的狀似玫瑰，葉末端具有粉紅色長尾尖。

▲瑪格麗特的灰白色葉序近輪生於莖頂上，狀似白色的蓮座狀葉序，長尾尖遺傳自母本菊日和。

◀瑪格麗特越夏不難，叢生後的植群很美麗；灰白色的葉可能源自於父本白牡丹。

Graptopetalum mendozae
達摩姬秋麗

英 文 名	Mendoza succulent
繁　　殖	扦插

原產自墨西哥 Northern Veracruz 等地，常見
分布於海拔 100 ～ 200 公尺地區。葉片輕觸
或不慎碰撞易掉落。掉落的葉片易發根再生
成新生植株；為姬秋麗擴展植群的機制。

形態特徵

　　單株直徑約 5 公分。葉形渾圓，成株
後不易增生側芽，呈灌木。灰白色或灰綠
色的匙形圓形葉輪生於莖頂上。全株覆有
薄白粉。

▲達摩姬秋麗，灰白色
或灰綠色的葉形圓潤，
葉面具薄白粉。

◀達摩姬秋麗與姬秋麗比
一比，身型大小差很多。

Graptopetalum 'Mirinae'
姬秋麗

| 繁　殖 | 葉插及頂芽扦插。繁殖以冬、春季為佳。 |

中名沿用日名而來；為雜交種 *Graptopetalum mendozae* × *Graptopetalum pentandrum*，易受鳥啄及蝸牛取食，露天栽培時要小心防護。

▌形態特徵

　　小型多年生肉質草本。單株直徑約 1 ～ 1.5 公分。灰白色或灰綠色的匙形葉互生，尾尖不明顯，具珍珠般光澤。強光或光線充足時，葉片短，葉形飽滿，葉色呈橘紅色或粉紅色，極為美觀。

朧月屬

▲光線充足時，株型緊密；葉片帶有粉紅色或橙紅色質地，極為美觀。

▲光線不足葉呈灰綠色，株型不緊密，莖節有徒長現象。

▲光照充足及水分控制得宜下，姬秋麗模樣相當可愛。

Graptopetalum macdougallii
蔓蓮

繁　　殖	分株為主，可將走莖上的小芽剪下後再扦插發根。

種名 macdougallii 源自美國植物學家 Tom Macdougall 先生，紀念其耗盡半生時光在研究墨西哥的植物。光線充足時，葉尖略呈粉紅色，夏季高溫期間進入休眠，此時株型會較為閉合，植株會較黯淡無光澤。

▲蔓蓮的花保有朧月屬特徵，白色花 5 瓣，花瓣上保有紅色斑紋。

▍形態特徵

　　小型多年生肉質草本。單株直徑約 5 ～ 6 公分。易自基部增生走莖，呈現叢生姿態，全株覆有白粉。淡青色或淺綠色匙狀葉互生，末端具有尾尖，形成蓮座狀葉序，心葉處會互相抱合。葉質地略透明，覆有白粉。生長期間株型較為開張；休眠期間株型較為閉合且無光澤。光線充足時葉尖略呈粉紅色。花期春、夏季；5 瓣的星形花，花底色為白色或乳黃色，花瓣上具紅色斑紋。

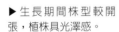

▶生長期間株型較開張，植株具光澤感。

262

Graptopetalum paraguayense
朧月

英 文 名	Ghost plant, Mother of pearl plant
別 名	石蓮、風車草
繁 殖	葉插、頂芽扦插。繁殖適期以冬、春季為佳。

原產墨西哥東北部塔毛利帕斯洲 Tamaulipas 一帶。種名 paraguayense 主要紀念發現地巴拉圭 Paragua，但其實為一場美麗的誤會。最早在 1904 年於巴拉圭發現引入紐約而被命名，事實上朧月原生於墨西哥東北部。葉序排列狀似蓮花或風車。1965 年自日本引入台灣後，廣泛栽培在台灣各地。

▲春季開花，白色的 5 瓣花上具紅色斑點。

形態特徵

　　為多年生肉質草本。灰白色或灰綠色莖健壯，成株後莖部木質化，初為灌木狀，成熟後呈匍匐狀，會懸垂在栽培的花槽外。銀灰色或灰綠色的匙狀葉互生，形成蓮座狀葉序。光線充足及環境溫差大時，葉序緊密，葉呈灰白色（或局部紫紅、粉紅色），全株覆有白色蠟粉，以減少水分蒸散並折射過強的光照。花期春季。

▲朧月的葉片在冬季寒流來襲後，會局部轉為粉紅色。

▲朧月在台灣有商業栽培，生產葉片提供鮮食用。

朧月屬

263

Graptopetalum paraguayense 'Pinky'
櫻月

| 異　名 | *Graptopetalum* 'Sakuraduki' |

中名沿用日文俗名而來。現行慣用的
學名認為櫻月為櫳月 *Graptopetalum*
paraguayense 中選拔出來 'Pinky' 的栽培
種。亦有以栽培種 'Sakuraduki' 表示，但
以此栽培種名標註資料較少。

形態特徵

單株直徑在 5 ～ 8 公分；株型與
櫳月或姬櫳月相似，全株較為柔美，葉
形與株形略小一些，外觀像櫳月的小
苗。灰白色或灰綠色的匙形葉，互生排
列於莖節上。日夜溫差大及光線充足
時，葉緣上會出現淡粉色紅彩。

▲灰綠色或灰白色的葉片
上會有淡粉色紅彩。

▶新梢帶有淡粉紅色。

◀株形像縮小版的櫳月。

× *Graptosedum* 'Bronze'
姬朧月

異　名 | × *Graptosedum* 'Vera Higgins'

姬朧月的親本為朧月及具珊瑚紅葉色的玉葉之（*Graptopetalum paraguayensis* × *Sedum stahlii*）屬間雜交品種。在台灣適應性強，栽培管理容易，生長迅速。部分則認為是朧月下的一種品型。

形態特徵

與朧月相似，但株型變小，葉片不具白色粉末。匙形葉呈紫紅色、珊瑚紅或銅紅色等，光線充足下顏色越鮮豔。葉序呈蓮座狀叢生，莖會向上延伸生長；葉末端具短尾尖。花期春、夏季之間，花黃色。

▲外觀像是縮小版的紅色朧月。

▲適應性強，群生後十分美觀。

× *Graptosedum* 'Bronze' variegated
姬朧月錦

| 異　名 | *Graptosedum* 'Bronze' variegated |

為姬朧月的錦斑變種。本種生長較姬朧月緩慢，株形也較小。錦斑的表現常受環境影響，如環境較差時常出現返祖或綠化的枝條；若栽培環境良好，還能出現不同的錦斑變化，或出現全黃化（全錦）的枝條。

形態特徵

因葉片錦斑表現緣故，葉色常態較偏粉紅；無明顯斑紋表現。偶見下位成葉會有些變條帶狀的葉斑表現，但不明顯。

▲姬朧月錦的葉色較姬朧月淡，條帶狀的錦斑變化較不明顯。

▲洪通瑩先生自家園子中選拔出來，具縞斑錦變化的姬朧月錦個體。

▲錦斑表現較佳的個體。

× *Graprosedum* 'Calfornia Sunset'
加州夕陽

| 異　名 | *Graprosedum* 'Calfornia Sunset' |

朧月和黃麗（*Graptopetalum paraguayense* × *Sedum adophii*）屬間雜交種。加州夕陽的親本均源自於墨西哥，對台灣的氣候適應極佳，平地栽植沒有越夏問題。中文名由其栽培種名直譯而來。

形態特徵

　　為多年生的肉質草本植物，成株後會略呈匍匐狀生長。長匙形葉片叢生或輪生在枝條上。常見葉片呈黃綠色，若日夜溫差較大日照充足時，葉偏橘紅色。花期集中在春、夏季之間；花序開放在枝梢頂端。

▲冬、春季低溫期，日照充足時葉色表現較佳，溫差夠大時，新葉能有橘紅色的表現。

▲5瓣的白色星形花，形成聚繖花序開放在枝條末梢。

▲加州夕陽其黃綠色或淡橘色的葉色鮮明；葉片不具光澤感。

× *Graprosedum* 'Francesco Baldi'
秋麗

| 異　名 | *Graptosedum* 'Francesco Baldi' |

親本可能是朧月 *Graptopetalum paraguayense*
與乙女心 *Sedum pachyphyllum*。對台灣氣候
適應性高，生長強健。

形態特徵

　　全株外觀具有白色蠟質粉末。長披
針形葉互生。夏季或溫度較高的季節，葉
呈灰綠色。冬、春季低溫時期，葉呈黃綠
色，葉末端為黃色或呈淺紅色。花期冬、
春季，花黃色，具 5 片花瓣。

▲冬、春季低溫期，秋麗葉
色表現較佳；夏季或高溫季
節葉呈灰綠色。

◀秋麗運用於組
合盆栽，與加州
夕陽、雀利混生
的情形。

× *Graptoveria* 'Douglas Huth'
初戀

異　　名	*Echeveria* 'Huthspinke'
繁　　殖	葉插及側芽扦插繁殖

中文名沿用自台灣花市常用俗名；台灣常以 *Echeveria* 'Huthspinke' 學名表示。但據 International crassulaceae network 資料上記載，初戀可能是 1979 年英國人 Douglas Huth 育成的品種。以朧月 *Graptopetalum paraguayense* 與不知名明的擬石蓮品種育成。本種適應台灣平地氣候，栽培容易，為台灣花市常見品種。

▌形態特徵

為中小型的石蓮品種，株徑可達 10 公分，老株具明顯的短直立莖，株高可達 15 公分；易自莖基部產生側芽。匙形或卵圓形葉後半段漸尖，葉全緣葉片兩側向內捲或上翹。葉呈灰綠至淺紫紅色澤變化，日夜溫差大或冬季低溫期，全株呈現淡紫紅色系，葉面略有白粉。花期春、夏季之間，鐘形花，花淺黃色。

▲明顯的直立莖特性保有朧月的特徵；老株的短直立莖呈現樹型姿態。

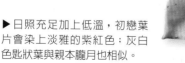

▶日照充足加上低溫，初戀葉片會染上淡雅的紫紅色；灰白色匙狀葉與親本朧月也相似。

× *Graptoveria* 'Titubans'
白牡丹

異 名	× *Graptoveria* 'Acaulis'
別 名	玫瑰石蓮

由法國多肉栽培玩家 Créée par Pierre Gossot 於 1949 年育成。親本為朧月與靜夜（*Graptopetalum paraguayensis* × *Echeveria derenbergii*）屬間雜交種。對台灣氣候適應性佳，生性強健，栽培管理容易，生長迅速。

▲葉形及葉序排列美觀，適合新手栽培。

▌形態特徵

全株有白粉，倒卵形葉互生，葉末端有尾尖；葉序呈蓮座狀排列。老莖易因葉片重量，生長呈現傾斜一側。葉灰白至灰綠色，冬季葉緣略具有淺褐色暈。花期春季，花黃色，花瓣 5 片；花瓣具紅色細點。另有錦斑品種。

▲花黃色。

▲葉灰白色，葉片肥厚。

× *Graptoveria* 'Titubans' variegated
白牡丹錦

經由枝條芽變形成的錦斑變異。帶有錦斑的
白牡丹錦，葉色偏綠。

▶白牡丹錦為黃色錦斑變
異，具錦斑的個體具黃綠
色表現，觀賞價值更高。

◀錦斑較多的個體，株
型較小，且生長緩慢。

Graptopetalum pentandrum 'Superbum'
超五雄縞瓣

別　　名	華麗風車
繁　　殖	葉插為主

原產自墨西哥，本種最大特徵是葉序排列非常平整，看似扁平狀。日照充足時葉色鮮麗，株型緊緻，葉片肥厚；光線不足時，葉較狹長，葉色偏綠。

形態特徵

葉片肥厚呈廣三角形或廣卵形葉，葉末端有尾尖，葉緣圓弧狀；葉序扁平呈蓮座狀排列。葉粉色或紫粉色，具白色蠟質粉末。莖幹初為灌木狀，隨著株齡增加，木質化的莖會略呈匍匐狀。花期春、夏季之間，花序長約 30 ～ 50 公分，星形花 5 瓣；花序會分枝呈簇狀，花白色或淡黃色，花瓣末端呈暗紅色，花瓣上有斑點。

▲光線充足時超五雄縞瓣的葉色十分動人，有粉紅及紫紅色質地；葉片上布有白色蠟質粉末。

▶葉序扁平或平整，生長緩慢，老株莖會木質化呈灌木狀。

Graptopetalum rusbyi
銀天女

| 繁　　殖 | 以分株繁殖為主，自基部會產生 |
芽或去除頂芽，誘發基部葉腋上的側芽發生後，
再以分株方式繁殖。

原生長於美國亞歷桑那州東南部至墨西哥中
北部，在朧月屬中為小型品種。生長緩慢，
喜好全日照環境，夏季休眠，減少給水，並
移至通風處或增設遮蔭網等方式協助越夏。

朧月屬

▍形態特徵

　　莖不明顯，株型扁平，長卵形葉叢
生，蓮座狀葉序平貼。中心嫩葉略帶粉紅
色，葉呈灰綠色或灰藍色，並帶有紫色或
紅色調；葉序呈蓮座狀方式排列，葉末端
具尾尖，葉尖微紅微向上；葉片表面具有
規則小突起。葉序間抽出花序，花序向上
生長開花，花瓣 5 ～ 7 片；花黃色，花瓣
上帶有暗紅色花紋，花瓣末端紅。

▲花瓣 5 ～ 7 片都有，花以黃色
為基底，帶有暗紅色斑紋。

▲長卵形葉片，葉末端有尾尖，
葉尖微紅；葉帶紅色或紫色。

▲成株後的銀天女，會在基部產生側芽，再
行分株方式繁殖。

╳ *Graptoveria* 'A Grim One'
艾格利旺

異　　名	*Graptoveria* 'A Grim One'
繁　　殖	分株、扦插及葉插

台灣通用中名以其栽培種名 'A Grim One' 音譯而來；中國常用的俗名格林，係以加州園藝育種家鮑伯先生（Mr. Bob Grim）的姓氏格林稱之。2008 年發表的品種；栽培種名可能為誤稱，目前並未有正式的學名。由 Bob Grim 先生培育而成，稱 Grim One（Grim1 號），因口誤或口語化而沿用 'A Grim One' 作為栽培種名；未來或許會有正式命名。

▲仍保留朧月屬的外型，有飽滿厚實的葉片。

▌形態特徵

多年生肉質草本，單株直徑可達 10 ～ 15 公分。老株易自半木質化的莖基部萌生側芽。灰綠色或灰藍色的長匙狀葉互生，形成蓮座狀葉序；全株披有白色粉末。葉末端急尖，有淡紅色尾尖。花期春、夏季之間，花梗短，黃色的星形花 5 瓣，花瓣具暗紅色斑紋。

▶艾格利旺成株後易自基部萌生側芽，對台灣氣候適應性佳。

× *Graptoveria* 'Amethorm'
紅葡萄

異　　名	*Graptoveria* 'Amethorm'
別　　名	紫葡萄
繁　　殖	易自基部產生匍匐莖，於母株附近再萌發新芽，可分株繁殖；葉插或取厚實葉片於生長季進行葉插。

由康乃爾植物學家查爾斯•烏爾先生 Mr. Charles Uhl. 以 *Echeveria purpusorum* × *Graptopetalum amethystinum* 為親本育成的屬間雜交後代。耐乾旱，介質乾透後再澆水為佳。日照充足時葉色豔麗，株型飽滿，若光線不足，葉色偏綠，且株型因徒長而鬆散。

▲紅葡萄光線充足時，株型飽滿，葉色豔麗。

▌形態特徵

　　多年生肉質草本，單株直徑約 10 ～ 15 公分。葉灰綠色或灰藍色，匙狀葉呈蓮座狀排列；葉形肥厚飽滿，具綠色葉緣。光照充足及溫差大時，綠色葉緣會帶紅彩或具淡色紅暈；葉有中肋，葉末端具短尾尖；葉背具紫色小斑點及突起。葉面有蠟質不具白色粉末。花期夏季。

◀紅葡萄以葉插大量繁殖，形成植群地被的景緻。

× *Graptoveria* 'Bainesii'
大盃宴

別　　名	伯利蓮、厚葉旭鶴
繁　　殖	葉插即可

中名應沿用自和名。大盃宴為屬間雜交品種，親本已不詳。大盃宴適應台灣的氣候環境，成為花市常見品種之一。另有縞斑品種，名為銀風車或大盃宴縞斑等名。

▌形態特徵

　　與朧月外型相似，但葉幅較寬，葉形較渾圓，葉末端有尾尖（突起）；葉片兩側略向上微升，葉面略呈 V 字形。葉呈銀灰色或灰綠色為主，但光線充足及溫差較大時，在生長期間全株略帶酒紅或有紅暈般的葉色。

▲大盃宴是台灣花市常見的品種，葉呈銀灰色或灰綠色；葉片厚實，葉面略呈 V 字形。

◀光線充足或溫差大時，葉色會略帶紅暈或呈酒紅色；大盃宴老欉的姿態別有韻味。

× *Graptoveria* 'Bainesii' variegated
銀風車

別　　名	大盃宴縞瓣

為大盃宴的錦斑品種。

▍形態特徵

　　葉片具帶狀白色錦斑變化，生長速度較為緩慢，若剪頂芽重新扦插，其再生側芽常有返祖現象發生，會再生出大盃宴的枝條。

▲銀風車因錦斑表現的緣故，造成葉肉生長勢不一致，葉緣呈波浪狀，葉片有皺褶。

Graptopetalum sp. 'Hermes'
愛馬仕

中名以栽培種名直譯而來。應是近年自日本引入的中小型栽培種。以亞洲地區中國、台灣、日、韓等地區常用學名表示。自學名表示方式僅能說明，本種為朧月屬下不明品種中所選拔的栽培種。

▶葉色保有朧月屬特殊粉紫色的表現，葉具光澤。

× *Graptoveria* 'Decairn'

紫丁香

異　　名	*Graptoveria* 'Decairn'
繁　　殖	分株、扦插及葉插

為園藝雜交栽培品種，親本已無法考據。

▌形態特徵

　　多年生肉質草本。單株直徑可達 15
公分。老株莖幹會木質化，易自基部產生
小側芽。長卵圓形或長披針形葉，末端有
紅色尾尖。葉色呈橄欖綠，葉片覆有白色
粉末；葉面較不平整，葉緣兩側會向中肋
處反摺，呈 V 字形；葉片互生呈蓮座狀
排列。冬季日照充足溫差大時，葉片會有
紫紅色的表現。

▲葉緣兩側會向中肋處反
摺，葉面呈 V 字形。

▲葉片帶有淡紫色基調，葉末端
有紅色尾尖；日夜溫差大時，葉
色會轉為紫紅或呈淡粉紅色。

× *Graptoveria* 'Debbie'
黛比

異 名	*Graptoveria* 'Debbie'
別 名	粉紅佳人
繁 殖	葉插

於 1978 年發表的雜交品種；最早出現在
Abbey Garden, Reseda。以朧月為母本的雜
交後代。本種以育種家鮑伯先生之女 Debbi
Foster 命名。冬季日夜溫差較大時，葉片泛
有粉紅色調，十分美觀。

▌形態特徵

　　多年生肉質草本，具有短直立莖，單
株直徑可達 10 ～ 12 公分。匙形葉灰綠或
灰紫色，互生以蓮座狀排列。葉末端具短
尾尖，全株被有白粉。冬季低溫或日夜溫
差大、光線充足時，全株轉為粉紅色。花
期冬、春季之間，花梗自葉腋間抽穗，花
鐘形，呈淺橘色。

▲日照充足時，葉序緊緻，
葉片具粉色蠟質粉末。

▶黛比開花株。黛比的
葉片肥厚，環境適宜時
全株會轉為粉紅色。

× *Graptoveria* 'Pink Pretty'
粉紅佳人

| 異　名 | *Graptoveria* 'Pink Pretty' |
| 繁　殖 | 葉插 |

中文名以其栽培種名直譯而來,但這俗名
容易與黛比的別稱混淆。本屬間雜交品種
在外觀上與擬石蓮屬的銀紅蓮 *Echeveria*
'Ginguren' 極為相似,兩者區別在粉紅佳人
葉片的白色蠟質粉末較為鮮明。冬季日夜
溫差較大時,葉末端及葉緣有明顯紅斑及紅
彩。

▋形態特徵

　　多年生肉質草本。灰綠色匙形葉為
主,葉片互生以蓮座狀排列。葉末端具有
短尾尖,全株披有白粉,讓葉片質地帶有
白色肌理。冬季日照充足及溫差大時,葉
末端及葉緣處會有紅彩表現。

▲粉紅佳人為朧月屬與擬石蓮的屬間雜交品
種,對台灣的氣候適應性佳。葉色肌理較白,
為粉紅佳人與銀紅蓮的鑑別特徵之一。

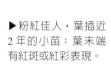

▶粉紅佳人,葉插近
2 年的小苗;葉末端
有紅斑或紅彩表現。

朧月屬與擬石蓮屬的屬間雜交種

× *Graptoveria* 'Topsy-Debbie'
邱比特

別　　名	特葉黛比
繁　　殖	分株、扦插均可

中名沿用台灣通用俗名。為特葉玉蝶 *Echeveria runyonii* 'Topsy Turvy' 與黛比 × *Graptoveria* 'Debbie' 的雜交後代。邱比特兼具了兩者的外觀，保留了特葉玉蝶的葉形及黛比帶粉紅質地的葉色。邱比特的栽培種名 'Topsy-Debbie' 乃由親本的栽培種名組合而成。

▲特殊的反葉特徵，受親本特葉玉蝶影響。

▌形態特徵

　　多年生肉質草本，具短直立莖，葉形會隨著栽培狀況有些差異。特殊的匙狀葉有時呈短圓狀，有時呈扁平狀。葉緊密互生，外觀呈蓮座狀；葉粉紅色至銀灰色，溫差大、日照充足時粉紅色的葉色表現較佳。花期冬、春季，花序自葉腋間抽出。

▲葉呈美麗的淡粉紅色，葉色源自於父本黛比的影響，葉片上同樣覆有薄白粉。

伽藍菜屬
Kalanchoe

長壽花，為台灣常見的伽藍菜屬植物，4 瓣花為本科的重要特徵。

又名燈籠草屬等名。本屬約 125 ～ 200 種，產自熱帶，主要分布在舊世界，僅 1 種產自美洲，主要原產於非洲，東非及南非約有 56 種；馬達加斯加約 60 種左右；少部分產自亞洲，如東亞及中國等亞洲熱帶地區。伽藍菜屬的屬名，源起仍成謎；據說是源自一種分布在中國的伽藍菜 *Kalanchoe ceratophylla* 中名而來，其屬名與伽藍菜的廣東話發音相似。

本屬植物適應台灣氣候條件，屬內許多品種均適合新手栽種，其中以長壽花最為著名，是國內年節前後重要的盆花代表之一。經雜交選育及園藝栽培結果，長壽花的花型、花色豐富，更有重瓣的品種可供栽培選擇。

外形特徵

　　為灌木或多年生肉質草本植物，少部分為一、二年生的草本植物。多數品種株高可達 1 公尺左右。莖基部略木質；單葉、對生，葉柄短，葉片除卵圓形單葉外，部分為羽狀裂葉或羽狀複葉。

月兔耳
長卵圓形葉片上有白色毛狀附屬物，近年更選拔出許多優秀的栽培品系。

姬仙女之舞
對生的葉序，也是本科的重要特徵。

　　鵝鑾鼻燈籠草又名鵝鑾鼻景天，為台灣特有種，分布於台灣南部恆春半島，常見生長於海岸礁岩上的縫隙中。株高 10 公分左右，單葉或三出葉對生，葉全緣；葉色有綠色及褐色等型態，具葉柄，全緣略具鈍齒狀葉緣。耐旱性強，耐陰性也佳。

大本雞爪癀
綠色的葉片為羽狀裂葉。台灣鄉間也有栽種，作為民俗植物使用。

▲原生的鵝鑾鼻燈籠草以褐色葉型態為主。

▲大量的實生族群也有綠色葉的型態。

伽藍菜屬的多肉植物花期多半集中在冬、春季間或春季，花後部分一、二年生的品種會死亡，如鵝鑾鼻燈籠草。花色有黃、粉紅、紅或紫等顏色；小花呈頂生的聚繖花序；萼片和花瓣4片或4裂向上開放。花瓣基部合生呈壺狀或呈高腳碟狀；雄蕊8。果實為蓇葖果4裂，內含大量細小種子。

▲裂蓇葖果，內含大量種子。

仙女之舞
白色小花形成的花序開放在頂端、葉腋間。

▲黑褐色的種子、細小。

匙葉燈籠草
花瓣4枚，花序開放在枝條頂梢。

千兔耳
花序具有短毛，淡粉紅花瓣4枚基部合生，略呈壺狀。

▲唐印錦使用胴切去除頂芽，促進側芽發生後，再將側芽切下，待傷口乾燥後扦插即可。

▲月光兔錦以頂芽扦插進行商業生產的現況。

栽培管理

　　冬型種。夏季生長緩慢或停滯，但本屬中的多肉植物都能適應台灣平地氣候環境，在夏季休眠季節，以節水並移置陰涼處等方式因應即可。待秋涼後，可取頂芽扦插更新老化植株，若一、二年生種類，以重新播種方式建立族群。

繁殖方式

　　扦插與播種，繁殖適期以冬、春季為佳。除以帶頂芽的枝條扦插外，與擬石蓮花及朧月屬一樣，可行葉插，但再生小苗的速率會較慢一些。

Kalanchoe beharensis
仙女之舞

英 文 名	Velvet leaf
繁　　殖	葉插、扦插

原產非洲馬達加斯加島南部地區。株高可達
3 公尺，莖幹木質化，為多年生肉質灌木之
一。因全株滿布絨毛，就連觸感也接近觸摸
到絨毛布或毛毯般，英名以 Velvet leaf 稱之，
極為貼切。仙女之舞適應台灣的氣候環境，
在中南部地區常見露地栽培的植株，即便是
夏日，也未見生長緩慢或停滯的現象。

▲大型的伽藍菜屬植物，在台灣適應性佳，
可露天栽培。葉片具深裂狀缺刻，葉片具褐
色絨毛的品種。

形態特徵

　　多年生肉質灌木，株高可達 3 公尺。
褐色的莖幹粗壯，莖幹上留有葉片脫落後
的葉痕，其鈍刺狀葉痕質地堅硬，栽種時
不慎會刮傷皮膚。三角形或長橢圓形葉片
具有波浪狀或深裂狀缺刻。具葉柄，對
生，葉面及葉背滿布絨毛，葉片顏色視品
種不定，有銀白色、紅褐色或無毛的亮葉
等品種。花期春季，圓錐花序於莖頂葉腋
間抽出，鐘形花花冠 4 裂。

▲株高可達 3 公尺。栽於棚架內，莖幹較為
細長，露地栽培、光線充足時莖幹更粗；圓
錐狀花序自莖頂葉腋間抽出。

Kalanchoe beharensis 'Fang'
方仙女之舞

| 別　　名 | 遼牙仙女之舞 |

方仙女之舞中名乃沿用中國俗名，以栽培種名 'Fang' 音譯而來。因本種葉背具尖刺狀突起，又以遼牙仙女之舞稱之。在日本或台灣以仙女之舞統稱。

形態特徵

常見株高 80 ～ 100 公分，葉形接近三角形，缺刻較不明顯。新葉平展，成熟的老葉會向內凹或略向內包覆。葉片具尖刺狀突起，具棕色或褐色葉緣。花期春季，花序長 50 ～ 60 公分。

▲方仙女之舞葉背具尖刺狀突起。

◀成熟的老葉略向內凹，且葉片深裂狀缺刻或波浪狀葉緣較不明顯。

Kalanchoe beharensis 'Maltese Cross'
姬仙女之舞

英文名	Maltese cross
別名	馬爾他十字仙女之舞

又名為馬爾他十字仙女之舞，以栽培種名 'Maltese Cross' 音譯而來。

▌形態特徵

為仙女之舞的小型變種，株高可達 80～90 公分，單葉、深裂具短柄，葉片十字對生，排列緊密，全株滿覆金色至黃褐色絨毛。花期不明，在台灣栽培並未觀察到開花的情形。

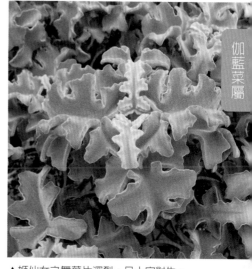

伽藍菜屬

▲姬仙女之舞葉片深裂，呈十字對生。

◀偶見三片葉輪生的個體，澆水後或生長期葉色較綠。

Kalanchoe blossfeldiana
長壽花

英文名	Flaming katy, Christmas kalanchoe, Florist kalanchoe, Madagascar widow's-thrill
繁　殖	播種或扦插繁殖

原產自非洲馬達加斯加島。台灣冬、春季常見的盆花植物，花期長達4個月左右，得「長壽花」之名。因長壽一詞討喜，且本種耐旱及耐陰性佳，栽培管理容易，因而成為聖誕節及年節時應景。

形態特徵

　　為多年生肉質草本植物，株高約30～40公分，近年因雜交選拔結果，有許多矮性及重瓣花品種。深綠色、肉質的橢圓形或長橢圓形葉具蠟質和光澤，葉緣淺裂，十字對生。花期冬、春季，經由短日照處理可提前開花，小花原生種為紅色，雜交品種花色則多變，紅、粉黃、白等都有，小花組成圓錐狀的聚繖花序於頂端葉腋間抽出，花期長達4個月。

▲較早引入台灣的長壽花品種，小花花冠4裂，盛開時狀似繡球。株高近40～50公分，花色鮮紅討喜，已馴化在台灣各地。

▲經雜交選育的長壽花園藝品種，花色豐富，重瓣花型，使長壽花狀似一束束的縮小版玫瑰花束。

Kalanchoe blossfeldiana sp.
紅花鳳爪長壽花

| 繁　　殖 | 播種及扦插繁殖 |

原產於馬達加斯加。與台灣鄉間栽種當做民俗植物的雞爪癀外形相似，但本種花開為鮮紅色，而雞爪癀花色鮮黃。

形態特徵

為多年生肉質草本植物，莖直立，全株無毛而光滑。深綠至墨綠色的葉片對生。葉形變化大，橢圓形、長卵形針狀都有，但皆為深裂狀葉片。花期春、夏季之間，聚繖花序呈圓錐狀排列，花梗自葉腋與頂端抽出。小花 4 瓣，花色鮮紅。

▲栽種於花東鄉間的紅花鳳爪長壽花，常被誤認為是常用的民俗植物雞爪癀栽培。

▶花期春、夏季，盛開時鮮紅色的花簇十分熱鬧。

291

Kalanchoe blossfeldiana 'Variegata'

安曇野之光

繁　殖｜扦插

中名沿用日文俗名安曇野の光而來。

形態特徵

　　爲長壽花白覆輪的錦斑變種。株型矮小，株高約 10 ～ 15 公分。葉片白色的錦斑在冬季低溫時轉爲粉紅色調，葉色更加豐富。花紅色，冬、春季開花。錦斑褪去後的返祖還原種，日本俗名稱爲安曇野乙女。

▲安曇野之光開花時花色鮮紅。

▲外觀與蝴蝶之舞錦相似，但葉片具光澤感。

Kalanchoe eriophylla
福兔耳

英文名	Snow white panda plant
別 名	白雪姬
繁 殖	扦插

原產自非洲馬達加斯加島。和月兔耳同屬
不同種植物，但外觀十分相似。葉片上的
毛狀附屬物較為顯著，狀似羊毛，英名以
Snow white panda plant 稱之，形容它更具
有雪白的外觀。生長較為緩慢，十分耐旱。

▲ 4 瓣的筒狀花，花粉紅色或紫蘿蘭色。

▌形態特徵

　　為多年生肉質草本植物，株高約
15 ～ 20 公分，不似月兔耳可以長成灌木
狀的外型；成株後自基部側向長出橫生的枝條，且節間間距較長，株型像小型地被
植物般叢生。葉呈披針狀，成株後，三出的齒狀葉緣較為明顯，葉末端及齒狀葉緣
處具褐色斑點。葉片上具有長絨毛狀的附屬物。花期冬、春季，花開放在枝條頂端，
開花時頂梢枝會抽高，花大型、呈粉紅色或紫蘿蘭色，為 4 瓣的筒狀花。

▲台灣中部日夜溫差大的地區，白色毛狀附屬
物狀如白雪滿覆全株。

▲又名白雪姬，全株密布白色長絨毛狀附屬物，
生長緩慢，對水分管理很敏感。

伽藍菜屬

Kalanchoe feriseana 'Variegata'
花葉圓貝草

別　　名	花葉圓貝葉、五色華錦花、花葉錦、
	花葉伽藍菜
繁　　殖	扦插及分株

日名フェリセアナ錦。

▍形態特徵

　　本種幼株時，葉呈全緣不具波浪狀或缺刻葉緣，成株後心葉於 1／3～1／2 處下方會出現波浪緣。葉片光亮無明顯白色粉末；具白覆輪錦斑的卵圓形葉十字對生，偶見全錦的新芽。營養生長期的植株株高約 10～15 公分，開花時株高可達 40～50 公分，黃色花，形小；花後植株易倒伏，倒伏的莖節上易萌發側芽，連花序上的枝節處也會產生高芽，增加族群擴展的機會。

▲小型的多年生肉質草本，外觀與安曇野之光相似。

▲偶見中斑變異的花葉圓貝草。

▼在全日照環境下栽培的花葉圓貝草，株型小、葉色變化層次較多。

▲花後於花序上亦能長出高芽來，增加擴展族群繁殖的機會。

Kalanchoe garambiensis
鵝鑾鼻燈籠草

繁　殖｜播種、扦插

台灣特有種原生植物，分布在恆春半島海邊的珊瑚礁岩上；另有綠葉形的族群。葉呈褐黑色，株型小、開花性良好，近年也作為小品盆栽生產，是道地的台灣景天科植物。

▌形態特徵

　　為多年生肉質草本，植株矮小，株高不及 10 公分。褐黑色的橢圓形葉略具葉柄、對生。葉長約 1 ～ 3 公分，葉全緣或葉末端略有淺缺刻狀葉緣。花期春、夏季，黃色筒狀花開放於頂梢，花瓣 4；花後會產生大量細小褐黑色種子，可於翌年春播繁殖。

▲栽種於二寸盆內的鵝鑾鼻燈籠草，小巧可愛。

◀栽植於花槽裡，於夏季花期盛開的情形。

Kalanchoe hildebrandtii
白蝶之光

英 文 名	Silver teaspoons
別 名	白姬之舞、銀之太鼓
繁 殖	扦插

產自非洲馬達加斯加島。與仙人之舞 Copper spoon 外觀相似，但葉呈銀灰色，英文俗名稱作 Silver teaspoons，可譯為銀色茶匙。

▌形態特徵

為大型的多年生肉質灌木，在原生地及地植時莖幹直立；灌叢狀的株型，株高可達 5 公尺。卵圓形葉有柄，葉片密布銀灰色細絨毛，略向內凹；有淺中肋。視環境條件，部分新葉或幼株時具褐色葉緣。花期冬、春季，花白色，花序開放在枝梢頂端。

▲原生地，可形成近 5 公尺高的灌叢。卵圓形葉具有淺中肋，露天栽培時具有淺褐色葉緣。

▲白蝶之光較不易產生側芽，可利用修剪，營造叢生的植群。

▲白蝶之光紅橙色的花相當豔麗；易分泌蜜汁，在原生地為良好的蜜源植物。

Kalanchoe humilis
虎紋伽藍菜

異　　名	*Kalanchoe feguereidoi*
英 文 名	Desert surprise
別　　名	小花伽藍菜、紫式部、沙漠驚喜
繁　　殖	播種及扦插

原產自非洲莫三比克等地，為台灣花市常見品種，中名依其特殊的暗紅色虎斑紋，以虎紋伽藍菜稱之。依其英名譯為沙漠驚喜。對台灣適應性佳，種子細小易散逸，常在居家環境再生成一個小群落。特殊的暗紅或紫紅色系，是組合盆栽時搶眼的配色品種之一。

▲自行散布在礁石上再生的虎紋伽藍菜小苗，幼株葉形較圓，成株後葉形變長轉為披針狀，鈍鋸齒狀葉緣較明顯。

▌形態特徵

　　為多年生肉質草本，株高約 20 ～ 30 公分。灰綠色的卵圓形葉十字對生，具鈍鋸齒狀葉緣。葉質地厚實，新葉與莖披有白粉，成熟後葉面較光滑。葉面有紫紅至褐紅色不規則的橫帶狀斑紋；日夜溫差大及日照充足時，斑紋粗寬、葉色越鮮豔。花期冬、春季，花序由莖頂抽出，小花呈粉色或白色，略呈筒狀；花後會產生大量種子，種子細小易四處散播，種子略具休眠，需經低溫或滿足休眠需求後才會發芽。

▲花色呈粉白色，花直徑不及 0.3 公分，4 瓣略呈筒狀向上開放。

Kalanchoe longiflora
魔海

英 文 名	Tugela cliff-kalanchoe, Long-flower kalanchoe
繁　　殖	扦插

原產在南非圖蓋拉中部及誇祖魯至納塔爾等地海拔 800 ～ 1700 公尺山區，常見生長於河谷懸崖岩壁上的縫隙處。種名 longiflora 說明本種具長花瓣的意思，自學名上來看朱蓮為魔海的變種。

形態特徵

為多年生肉質草本或亞灌木，株高可達 40 ～ 50 公分。莖呈方形，易分枝具有

▲受樹蔭影響葉色較綠，葉片較大葉序也較開張。

朝上生長特性。莖枝易斷裂，斷裂的莖掉落後易再生根形成新的族群。淺綠色的葉對生，日照充足時，新葉葉緣處及老葉呈紅色至粉紅色，葉色對比分明。花期春、夏季之間，開花時自莖頂處抽出長花序，開出鮮黃色的花。

▲新芽均保有向上生長的特性。

▲日照充足時魔海葉色對比鮮明，栽培不困難，為新手栽植的選擇之一。

Kalanchoe longiflora var. *coccinea*
朱蓮

伽藍菜屬

繁　殖	扦插

原產自南非納塔爾等地。種名 longiflora
源自拉丁文為長筒形花之意；另變種名
（variety; var.）coccineae 源自拉丁文，為深
紅色的意思。種名與變種名都在說明，朱蓮
具有較長的筒狀特殊花型及葉色通紅特性。
於冬、春季生長期間，日照充足、日夜溫差
大時，全株會出現令人驚豔的紅彩。花期春
季，具長花梗，花鮮黃色。

▌形態特徵

　　為多年生肉質草本至亞灌木，株高約
80 公分。卵圓形葉片有柄，具鋸齒狀葉
緣，葉序以十字對生。

▲具鋸齒狀葉緣。

▲朱蓮盛開時，鮮黃色的花及頂生花序極為
醒目。

▲紅色葉片十字對生排列，葉片質地厚實，
具光澤。

Kalanchoe luciae
唐印

異　名	*Kalanchoe thyrsiflora*
英文名	Paddle plant, Flapjacks plant, Desert cabbage, White lady
別　名	銀盤之舞、冬之濱
繁　殖	常見以分株或取花梗上的不定芽繁殖。

異學名 *Kalanchoe thyrsiflora*，但兩者外觀十分相似，有些分類認為兩種是不同植物，但就外觀上並不易區分，因此以異學名方式標註。銀盤之舞、冬之濱等名，係沿用日本俗名銀盤の舞、冬の浜而來。原產自南非荒漠草原及石礫地環境，因對生的大型圓形葉狀似船槳或煎餅，常見英文俗名以 Paddle palnt 及 Flapjacks plant 稱之。易自基部產生側芽，看來狀似葉片包覆甘藍菜，英名稱為 Desert cabbage；因全株密覆白色蠟質粉末，又名 White lady。

形態特徵

為多年生肉質草本植物，莖粗壯，全株灰白色，易自基部產生側芽。倒卵形或圓形的葉先端鈍圓，全緣，葉序排列緊密，對生。葉呈淡綠色或黃綠色，全株覆有白色蠟質粉末。在冬、春季生長季節，陽光充足及日夜溫差大時葉緣呈紅色。花期冬、春季，花梗高達 1 公尺；4 瓣的筒狀花黃色，長 1.5 公分左右。花梗及花序上密布銀白色蠟質粉末，花後母株即死亡；花梗上會產生不定芽散布後代。

▲冬、春季時唐印的紅色葉緣較為明顯，寒流後會全株轉為紅色。

▲葉呈圓盤狀，群生的族群相當壯觀。

▲花白色，總狀花序開放在莖頂，筒狀花裂瓣 4 片，披有白色粉末。

Kalanchoe luciae 'Vareigata'
唐印錦

異　　名	*Echeveria luciea* 'Fantastic'
英 文 名	Variegated paddle plant

為唐印的錦斑變異品種，葉片上具乳黃色斑
葉變化，當光照充足，日夜溫差大時，葉色
會有近乎血紅色的表現。與唐印一樣生性強
健，適應台灣的氣候環境，栽培並不困難。
夏季生長稍緩慢，僅需注意節水管理即可，
光線不足時易徒長。

▲春季光線充足及日夜溫差
大時，唐印錦葉色近乎血紅。

▲栽培於半日照及光線充足環境，冬、春季
時葉片開始出現乳黃色的錦斑。

▶唐印黃中斑
個體較為少見。

301

Kalanchoe marmorata
江戶紫

英 文 名	Penwiper plant, Spotted kalanchoe
別　　名	斑點伽藍菜（中國）
繁　　殖	播種、扦插

中名沿用日文俗名。原產東非索馬里及埃塞俄比亞等地。常與虎紋伽藍菜混淆，但兩者外型差異很大，江戶紫為中大型植栽，而虎紋伽藍菜較小型，且斑紋分布及色澤也不相同。花後黑褐色的種子會散逸，休眠需求滿足後會發芽再生，但散布狀況不似虎紋伽藍菜那麼強勢。

▲全株葉面具有薄白粉、葉斑。

形態特徵

　　為多年生肉質植物，株高可達 30 ～ 50 公分，多年生後下位葉常會脫落，莖節有明顯葉痕。淺綠色的橢圓形或倒卵圓形葉呈十字對生，葉緣呈淺鋸齒狀，全株葉面覆有薄白粉，葉面具暗色或褐色斑點。花期春、夏季，花莖長於莖頂開花，花大型，為 4 瓣星狀花，花白色；花後母株會衰弱或死亡，可以種子再生繁殖。

▲江戶紫葉形圓潤，葉緣具淺缺刻或呈短鋸齒狀。

Kalanchoe millotii
千兔耳

英文名	Millot kalanchoe
繁　殖	扦插

原產自非洲馬達加斯加等地區，喜好全日照環境下栽培。本種耐熱性佳，在台灣適應性高，生性強健，病蟲害少，可露地栽植。

形態特徵

為多年生肉質草本或小灌木。全株滿布白色細絨毛，株高約 30 ～ 50 公分左右。莖與枝條直立、木質化。倒三角形或略呈圓形的葉十字對生。灰綠色葉片有鋸齒狀葉緣。花期冬、春季，花呈淺粉或淺黃色，為鐘形或筒狀花；長花序開放在莖部頂梢。

▲花序開放在枝條頂端。鐘形或筒狀花具 4 裂瓣，花粉紅色或淺黃色。

▲千兔耳頂芽嫩枝扦插生產的三寸盆商品。

▲叢生狀的千兔耳，銀白色外觀相當美觀；其生命力旺盛，適合新手栽種。

Kalanchoe nyikae
日蓮之盃

英 文 名	Shovel leaf
繁　　殖	扦插

原產自非洲馬達加斯加等地。中名可能沿用日文俗名而來，英名 Shovel leaf 可譯為鏟狀葉，都在說明本種為一種葉形極為特殊的植物。台灣中興大學使用日蓮之盃與商業栽培的長壽花 'Peach Fairy' 進行雜交育種，選育出後代具有葉耳的新品種。

▌形態特徵

多年生肉質草本植物，株高可達 30公分。匙圓形或心形的盾狀葉，葉緣反捲形成匙狀、杯狀或勺狀。葉色呈淺綠、灰藍色帶有紅褐色等變化，光照越充足葉色越紅，葉全緣，葉面覆有薄白粉。

▲特殊的心形圓形盾狀葉，像鏟子或勺子。

▲日蓮之盃在日照充足下葉色偏紅。

Kalanchoe orgyalis
仙人之舞

英文名	Copper spoons
別　　名	天人之舞、銀之卵、金之卵
繁　　殖	扦插

原產自非洲馬達加斯加南部及西南部，常見生長於沿海地區乾燥的岩礫地。又名天人之舞、銀之卵、金之卵等名，係沿用日本俗名而來。本種新葉滿覆紅銅色細絨毛，英文俗名以 Copper spoons 稱之，可譯為銅色湯匙。種名源自於希臘文 orgaya-，意為一種丈量的距離，約兩臂展開的長度（約 6 尺），說明本種植株高度可近 180 公分的意思。

▲細小絨毛及特殊的葉色令人印象深刻。

▌形態特徵

　　為多年生肉質草本或亞灌木。株高可達 120 ～ 180 公分，莖幹呈木質化。卵圓形葉有柄，葉全緣，新葉兩側略向內凹。新葉滿布銅紅色細小絨毛，葉序以十字對生。花期冬、春季，花呈亮黃色，花序開放在枝梢頂端。

▲葉片十字對生，葉背色澤較淺。

◀葉插小苗。

Kalanchoe rhombopilosa
扇雀

英 文 名	Pies from heaven
別 名	姬宮
繁 殖	扦插及葉插均可。台灣的氣候適應性佳，僅生長較為緩慢。

原產自東非及馬達加斯加島；中文俗名沿用日本俗名而來。英文俗名 Pies from Heaven 更是有趣，可譯為來自天堂的派。台灣花友常以巧克力脆片戲稱，貼切的形容本種葉片上不規則的咖啡色斑點。

▌形態特徵

　　為多年生肉質草本或小灌木，莖幹基部略木質化。株高可達 20 ～ 30 公分，生長緩慢。三角形或扇形葉片呈灰白色，鋸齒葉緣有短柄、對生；葉表具不規則分布的咖啡色斑點。花期春、夏季，但成株才會開花；花小型，筒狀花黃綠色，具有紅色的中肋；圓錐花序開放在莖的頂部。

▲株高約 20 ～ 30 公分左右。

▲有鋸齒狀葉緣，葉片上具不規則咖啡色斑點。

◀扇雀變種 —— 碧靈芝的花序。略帶透明的淡綠色花瓣，長花序開放在枝梢頂端，雖然花朵不大，但質地透亮別具風情。

Kalanchoe rhombopilosa var. *argentea*
碧靈芝

為扇雀的變種。外型與扇雀相似，但株型
小，生長更為緩慢。

▎形態特徵

　　三角形葉，不具鋸齒狀葉緣；葉末端
中央處具尾尖；葉呈灰白色，不具咖啡色
斑點。俯看時對生的葉片狀似玫瑰。

▶為扇雀的變種。葉灰
色不具咖啡色斑點。

Kalanchoe rhombipilosa var. *viridis*
綠扇雀

為扇雀的變種，相對於扇雀其生長較為快
速。外型與扇雀相似，葉綠色，光滑；葉緣
灰白色，遺留咖啡色的小斑點。

▲鋸齒狀葉緣灰白色，葉緣的葉背
處可觀察到咖啡色小斑點。

▲葉色綠、質地光滑，不具粉末狀物質，圖
片為葉插苗。

Kalanchoe rotundifolia
圓葉長壽花

英 文 名	Common kalanchoe
別　　名	小蝴蝶（台灣）、小圓貝、蘭貝兒（中國）
繁　　殖	分株或扦插

廣泛分布在非洲地區海拔 50～1800 公尺地區，自南非的中北部至納米比亞、莫三比克和坦尚尼亞等地都有分布。種名 rotundifolia，由字根 rotundus（round）與 folium（leaf）組成，說明本種具有圓形葉片。為強健的先驅植物，能生長在陰涼或半蔭處環境，自灌叢、樹林、次生林、開放的草原及疏林，或是人類開墾區及鹽沼地，都能見到它們的蹤跡。

▲光線較不足時葉色偏藍綠色，且葉形變大，葉質地較薄。

▌形態特徵

為小型多年生肉質草本。紅褐色的莖直立、纖細，易自基部萌發側芽，常見叢生狀植群。灰綠色或藍綠色的橢圓形、卵圓形或圓形葉對生，葉全緣，全株披有白粉。花期春、夏季之間或秋季；洋紅色或橙粉色小花組成聚繖花序，自莖頂抽出，花期長達數週。

▲光線充足時葉色較偏灰綠色，全株披有白色粉末。

Kalanchoe scapigera
圓貝草

英 文 名	Mealy kalanchoe
別　　名	圓貝景天
繁　　殖	扦插

中名沿用台灣花市俗稱。產自非洲納米比亞
及安哥拉等地，廣泛分布在海拔 50 ～ 60 公
尺的沙漠及乾燥地區，常見生長在岩礫地環
境中。本種對於光線的適應性高，可栽植在
戶外全日照環境下，也能移入室內栽植在光
線明亮環境中，生長緩慢耐乾旱。

▎形態特徵

　　為小型的多年生肉質草本植物，株高
40 ～ 60 公分，也有達 120 公分的紀錄。
銀灰色的圓形葉片對生；葉片覆有白色粉
末。花期多、春季，鮮紅色的頂生花序色
澤鮮豔耀眼。

▲圓貝草的花期長達 50 ～
60 天左右。

▶圓貝草的圓形
葉片具淡淡的紅
褐色葉緣。

Kalanchoe synsepala
雙飛蝴蝶

英 文 名	Cup kalanchoe, Walking kalanchoe
別 名	趣蝶蓮
繁 殖	取走莖上的不定芽進行扦插。

原產自非洲馬達加斯加島及科摩羅等地,是少數會像吊蘭一樣產生走莖的景天科多肉植物,英名以 Walking kalanchoe 稱之,形容它是會走路的伽藍菜屬植物。成株後的雙飛蝴蝶走莖前端會形成不定芽,加上具有紅色葉緣,狀似圍繞著飛舞的蝴蝶。生長強健適應台灣氣候環境,栽培管理並不困難,是可以露天栽培的品種之一。另有深裂葉的變種鹿角雙飛蝴蝶 *Kalanchoe synsepala* var. *dissecta*,花市較不常見。

▲雙飛蝴蝶有紅色角質化葉緣,成株後外觀具強烈風格。

▌形態特徵

多年生的常綠肉質草本植物。株高約40 ~ 50 公分,主莖短縮不明顯,但具有大型的卵圓形葉片,若栽培得宜,單片葉直徑可達 50 ~ 60 公分,葉片以十字對生方式生長在莖幹,具角質化鋸齒狀紅色葉緣。成株後,會於葉腋產生走莖,走莖具有不定芽。花期冬、春季,花小不明顯,生長在走莖前端,萼片合生。

▲走莖上的不定芽只要輕觸地面即可發根,建立新的族群。

鹿角雙飛蝴蝶 / 鹿角景天
Kalanchoe synsepala var. *dissecta* / *Kalanchoe synsepala* f. *dissecta*
為雙飛蝴蝶的裂葉變種。

Kalanchoe tomentosa
月兔耳

英 文 名	Panda plant, Pussy ears
別　　名	褐斑伽藍、兔耳草
繁　　殖	剪取莖頂約 5～9 公分的枝條扦插

繁殖；亦可使用葉插，但小苗的生長速度較慢。

▲齒狀葉緣處具有褐色斑點，光線充足時斑點色澤較深。

原產於非洲馬達加斯加島。對台灣的氣候適應性高，生性強健，栽培管理容易。全株被有白色絨毛，長卵形葉片狀似兔子的耳朵；英文俗名以貓熊 Panda plant 及貓耳朵 Pussy ears 來形容它。喜好於光線充足環境下栽培，光線不足下葉形狹長且株型鬆散，易徒長而生長不良。近年月兔耳 *Kalanchoe tomentosa* 極為流行，又因人為選拔及大量引種，各類品種繁多，然因缺乏詳細引種及雜交選拔資料，本書綜合台灣花市對現有流通品種外觀及栽培種名下進行簡易整理，暫以可能的栽培種名標註，但不管栽培種名如何命定，在無法考據的前提下，應以 *Kalanchoe tomentosa* sp. 方式標註為佳。

▋ 形態特徵

　　多年生肉質草本或小灌木，分枝性良好，易成樹型或灌木狀。全株灰白色，密布白色絨毛。長卵形葉片上半部具有齒狀葉緣，葉緣有褐色斑點；葉序對生或近輪生方式緊密排列。花期春、夏季，開花時頂端枝條會向上抽高，花序密布絨毛，小花為管狀花或鐘形花，具有 4 裂瓣；花淡褐色至褐色，花瓣上著生褐色絨毛；在台灣不常見開花。

▲灰白色的月兔耳好栽易管理，是新手必栽的品種之一，光線充足及旱培時下位葉偏黃。

伽藍菜屬

Kalanchoe tomentosa 'Variegata'
月兔耳錦

為月兔耳的錦斑變異品種，其錦斑變異為黃覆輪較多，成熟葉表現較新葉鮮明。

▶月兔耳錦，為黃覆輪的錦斑變異。

◀黃色錦斑於葉片兩側，在成熟葉較為明顯。

312

Kalanchoe tomentosa f. *nigromarginatas*
黑兔耳

別　名｜達摩黑兔耳

月兔耳的一種品型 forma（f.），學名表示
上可省略不寫。品型分類上多半是指族群
中還未能提升為變種的一個族群，為便於
園藝分類的整理，使用 forma 作為區分，國
際分類規約上僅接受種 specieas 及亞種。型
態 nigromarginatas 字根 nigro- 為黑色或指黑
人之意；字根 marginatas- 為邊緣的意思，
形容其具有特殊連成一線的黑色葉緣，與光
線充足下生長的月兔耳呈現近乎褐黑色斑
點不同，近年將品型改以栽培種名的寫法
'Nromarginatas '。這一大類黑兔耳中也有不

▲帶狀黑色葉緣為其特徵。

少近似的栽培種名，如 'Mimima'、'Nigra'、'Nousagi' 等極可能都是同一種族群的植物，
只是因為缺乏正確或詳細的引種資訊，造成現今名稱上的混亂。葉形及株型都較月兔
耳來的小型一些，中名也有人稱為姬兔耳、野兔耳等。

▲整片葉均布有連成一線的黑色葉緣。

▲葉形較月兔耳狹長。

Kalanchoe tomentosa var. *laui*
閃光月兔耳

別　　名｜達摩兔耳、閃光兔耳、長毛兔耳

為月兔耳的變種 variety（var.）。又名達摩
兔耳，乃沿用日本俗名ダルマ月兔耳而來。
最大特徵在全株密布較長的白色絨毛，背光
下看來像是會發光的錯覺；本種生長較為緩
慢。

Kalanchoe tomentosa 'Chocolate Soldier'
巧克力兔耳

▌形態特徵

　　巧克力兔耳外觀上株型較小，葉上
著生褐色絨毛近似巧克力色，且齒狀葉緣
不明顯；與黑月兔耳一樣形成帶狀葉緣。
巧克力兔耳園藝栽培種 cultivar（cv.），
cv. 可省略不寫，而以單引號 'Chocolate
Soldier' 不斜體方式標註栽培種名。栽培
種名可譯為巧克力戰士；另有異名孫悟空
'Monkey King'，可能係因不同地區選拔
再自巧克力月兔耳族群中選拔出來的不同
個體。如葉片毛狀附屬物偏紅的個體 'Red
Form' 常以赤兔耳異名表示。

▲叢生狀巧克力兔耳的商品。

Kalanchoe tomentosa 'Cinnamon'
肉桂月兔耳

異　名 | *K. tomentosa* sp.

栽培種名係沿用中文名，譯自栽培種名
Cinnamon。極可能與巧克力兔耳一樣自黑
兔耳族群中，人為雜交或個體選拔出來的栽
培品種。肉桂月兔耳外形與巧克力兔耳極為
相似，若栽培環境光線不足，兩者幼株較不
易分別。肉桂月兔耳帶有紅色質地的毛狀附
屬物，成株後葉緣偏紅褐色至肉桂色，與巧
克力色的黑有些不同。

▲頂芽扦插的肉桂月兔耳小苗。

Kalanchoe tomentosa 'Daruma'
達摩月兔耳

異　名 | *K. tomentosa* sp.

因引種資訊不詳，中名僅以台灣花市俗稱而
來，應為日本選拔出來的栽培品種，凡多肉
植物以「達摩」為名，多半表示為小型、肥
厚、短等意思，簡稱為達摩兔。因攝自花市
的達摩月兔耳為幼株，成株特徵較不明顯。
株型較小，葉短、葉幅較寬。

▲達摩月兔耳也是近年大量引入台灣的新品
種之一。

Kalanchoe tomentosa 'Golden Girl'
黃金月兔耳

異　名	*K. tomentosa* 'Show Girl'

黃金月兔耳園藝栽培種 cultivar （cv.），若不省略 cv. 時應以 *Kalanchoe tomentosa* cv. Golden Girl 表示。主要特徵在其葉片上著生金色絨毛，而非銀白色絨毛，黃澄澄的外觀特別討喜。另有栽培種 'Show Girl'，可能為黃金月兔耳不同的栽培種名。

▲黃金月兔耳的成株。

Kalanchoe tomentosa 'Hoshitoji'
星點月兔耳

異　名	*K. tomentosa* sp.
別　名	星兔耳

簡稱星兔耳，中名應源自栽培種名 Hoshi-，即日文星星的意思。本種的葉形狹長，且葉緣兩側會向中肋處內摺，葉緣具細鋸齒狀短缺刻，缺刻的尖點處有暗黑色或褐色斑點，葉緣上有類似連續斑點或星點分布的特徵。具微波浪狀葉緣，造成葉形會有微捲，為月兔耳栽培中形態特殊的一種選拔種。

▲星點兔細鋸齒狀缺刻，缺刻尖點上的褐色斑點呈連續排列分布。

Kalanchoe tomentosa 'Kokusen'
玫瑰黑月兔耳

| 異　　名 | *K. tomentosa* sp. |

本種極可能是自日本引入的栽培種
'Kokusen'，譯為特黑鮮月兔耳；台灣稱為
玫瑰黑月兔耳或以玫瑰黑兔簡稱。株型與葉
形與月兔耳相似，只是鋸齒狀葉緣較不明
顯，而葉緣上的褐紅色或褐黑色葉緣較鮮
明。

▲玫瑰黑月兔耳葉插苗。

伽藍菜屬

Kalanchoe tomentosa 'North of the Fox'
狐狸月兔耳

異　　名	*K. tomentosa* sp.
別　　名	北方狐狸兔、狐狸兔

外觀與黃金月兔耳十分相似，極可能是黃金
月兔耳族群部分些微差異的個體，而選拔自
行命名的品種，常見標示的栽培種名 'North
of the Fox' 外亦有標註 'North Fox'。

▲狐狸兔略帶有金黃色的毛狀附屬物，外形
與黃金月兔耳相似。

Kalanchoe tomentosa 'Panda'
熊貓月兔耳

異　　名	*K. tomentosa* sp.
別　　名	熊貓兔

葉緣有疏齒狀短缺刻，缺刻尖點處具深褐色斑點，葉緣斑點較少。葉形較短、平展，葉緣兩側不向中肋處內摺，且葉片對生排列整齊。

▲葉形短、葉片平展；不向內側中肋處內摺。

Kalanchoe tomentosa 'Super Didier'
無星月兔耳

異　　名	*K. tomentosa* sp.
別　　名	無星兔

相較於星兔耳，本種葉近全緣；幼葉仍有鋸齒狀葉緣，成株後無明顯缺刻及斑點狀葉緣，僅於葉緣處帶有細線狀或不明顯褐色葉緣。全株帶有灰白色毛狀附屬物。

▲葉緣無斑點及明顯褐色葉緣，僅有細線狀或不明顯的淺褐色葉緣。

Kalanchoe tomentosa 'Teddy Bear'
泰迪熊月兔耳

異　　名	*K. tomentosa* sp.
別　　名	泰迪熊

中名應譯自其栽培種名，但如何選育的資訊
則不詳。為近年引入月兔耳栽培種中，形態
獨具特色的品種之一，除了株型較矮小外，
具有短缺刻狀的葉片較為圓潤，且葉緣及缺
刻的尖點上都有明顯的紅褐色或黑色葉緣、
葉斑，狀似一對對帶有黑指甲的小熊掌般，
相當討喜。

▲褐黑色的粗帶狀葉緣及斑點十分鮮明，葉
形短小圓潤，狀似小熊的熊掌。

▲商業繁殖中的泰迪熊仍保持著株型矮小，葉形圓潤的特徵，並非使用矮化劑造成的變異栽培種。

伽藍菜屬

319

Kalanchoe tomentosa×*Kalanchoe dinklagei*
月之光

別　　名	月光兔耳
繁　　殖	扦插

Kalanchoe tomentosa×*Kalanchoe dinklagei* 的雜交種。另有錦斑變種月之光錦 *Kalanchoe tomentosa* × *Kalanchoe dinklagei*，常見以糊斑的變異較多，偶見黃覆輪或黃斑的個體。本種易出現返祖現象，栽種後易出現全綠的個體，若想保存錦斑特性，除提供光線充足的良好栽培環境外，出現全綠的枝條應剪除，以防錦斑變異消失；另外繁殖上以剪取頂芽扦插的方式，有利於錦斑保留。本種生長快速，分枝性良好。

▲月之光生長健壯；鈍齒狀葉緣末端具有褐色斑，在台灣適應性良好，為適合新手栽植的入門種之一。

▍形態特徵

　　多年生草本植物，成株後略呈灌木狀，株高約 50 ～ 80 公分；灰綠色的長橢圓形葉上半部具鈍齒狀葉緣，葉緣末端有褐色斑。月光兔耳錦的新芽及新葉具有向內凹特性，讓新芽看起來像一團包覆住的葉片。

▲月之光錦，新葉及新芽因葉片內凹特性讓新芽有蜷縮感。以糊斑較為常見，偶見黃斑或黃覆輪的錦斑變異，但相對生長較為緩慢。

深蓮屬

Lenophyllum

為景天科中冷門的小屬別，外觀與外形較無特色，僅少數趣味栽培者會蒐集栽培。本屬植物分布於美國德州至墨西哥北部一帶，品種 7 或 8 種左右。與景天屬親緣關係較近，有些分類學家會將其歸納在景天屬下，因這兩屬植物都具備頂生花序的開花習性，花序由頂芽變化而來。

目前沒有正式中文屬名，沿用台灣常用俗稱深蓮屬；中國則稱為紗羅屬，極可能是沿用本屬中著名品種深蓮 *Lenophyllum reflexum* 的中文俗名而來。深蓮屬 1904 年由 J. N. Rose 先生發表，屬名字根源於古希臘字，Leno 英文字意為 trough，有溝槽或槽的意思，在此指的是 V-shaped gutter 有 V 字形溝槽之意；另字根 phyllum 其英文字意為 leaves or leaf like parts，可譯為葉子或與葉子相似之物；屬名在英文字意為 gutter leaf，說明本屬中植物的葉片對生、葉中肋兩側葉緣會向內或向上升形成 V 字溝槽的特徵。

外形特徵

　　本屬植物為多年生半蔓性草本植物。常見葉色為紅褐色或磚紅色。花序頂生，小花有短花梗，3～5朵成簇開或單朵貼在花梗上開放；花瓣5，直立向上開放，花呈淺綠色或黃色。

▲容易繁殖的德州景天是雜草級植物，常見滋生或占據在其他多肉植物盆內空間。

▲葉片十字對生為本屬的特徵之一。深蓮的葉色由紅褐色轉為黑褐色，幼芽V字形的葉片較明顯。

栽培管理

　　本屬對台灣氣候適應性佳，栽培管理並不困難，生長期間為春、夏季之間；台灣平地越夏並不困難，但若為錦斑品種，如深蓮錦，高溫季節表現不明顯，其錦斑以幼株或再生小苗時表現較為鮮明。部分品種，如德州景天葉片易掉落，但再生能力強，易四處擴散變成栽培設施內的雜草。

　　對於光線適應性佳，半日照至光線明亮處皆能適應生長。全日照至光線充足環境下栽培，特殊暗褐色的葉色表現較佳。栽種時介質以排水及透氣性佳者為宜，一般建議土面乾燥後再給水。

繁殖方式

　　本屬中的多數品種皆十分容易栽培，幾乎全年均可進行繁殖，但仍以春季為佳，冬、春季及春、夏季期間繁殖速度較快，除種子繁殖外，可剪取頂芽扦插繁殖；亦可葉插。

　　以葉片、莖段進行扦插，容易發根再生成小苗；也因其葉片容易脫落，掉落的葉片再生小苗，利用這樣的特性擴展族群，與落地生根屬如錦蝶、不死鳥容易成為雜草級的多肉植物。

Lenophyllum guttatum
京鹿之子

繁　殖	分株、扦插及葉插均可。可剪較長的頂梢枝條扦插，或取飽滿葉片平置於微濕潤的介質表面，待根系長出再生出小株即可。

分布自美國德州至墨西哥等地。常見生長於向陽的岩壁間隙內，因此葉片具有白色蠟質以反射過強光線。在光線充足下植株緊緻，成簇生狀生長，但若栽培環境光線較弱或不足，莖易徒長或蔓生。栽培以透氣性介質為宜。冬季生長的品種入夏後休眠，生長停滯，應移至通風處越夏。

▲略呈蔓生狀的植株。

▌形態特徵

　　多年生肉質半蔓性草本或亞灌木。短直立莖向上生長，莖幹基部略木質化，成株易自基部增生側芽，形成叢生狀植群。單株直徑較深蓮小約 5 ～ 6 公分。扁梭形葉對生，具灰白色蠟質，葉面有不規則暗褐色斑點。花期冬、春季之間；花序頂生，花序呈分枝狀似總狀花序，小花 5 瓣、花瓣直立；花黃色。

▶較弱光長成的京鹿之子，能長成半蔓性姿態。

▶可剪取頂芽，待傷口乾燥後扦插，葉表有白色蠟質及不規則斑點。

▲京鹿之子花期集中在秋、冬季，長花序開放在枝梢頂端。花黃色，花瓣反捲，肉質的花萼具黑色斑點。

Lenophyllum reflexum

深蓮

| 繁　　殖 | 扦插、葉插 |

分布在墨西哥塔毛利帕斯州 Tamaulipas，海
拔 1200 公尺松樹與橡樹混生的霧林帶山區。
常見生長於樹蔭下的岩屑地環境，與蕨類、
蘭花、苔蘚等共生。與乳突球屬仙人掌明星
Mammillaria schiedeana ssp. *Giselae* 及擬石
蓮屬的玉蝶 *Echeveria runyonii* 同為當地的
特有種植物。

▌形態特徵

　　多年生肉質半蔓性草本，莖略具蔓
性，老莖基部略木質化。扁梭形葉對生；
單株直徑約 5 ～ 8 公分之間。葉全緣，質
地光滑具光澤；葉色由紅褐色轉為黑褐
色。花期冬、春季之間；花序頂生，小花
5 瓣、黃色，輪生在花梗上開放。另有錦
斑品種。

▲葉色近黑的深蓮，外觀具個性美。

▶深蓮老株，莖略
具蔓性。

Lenophyllum reflexum 'Variegata'
深蓮錦

深蓮錦斑並不常見，國內的深蓮錦係由彰化
栽培葉者蘭花草園藝芽條變異而來。深蓮錦
的錦斑表現較不穩定，若是葉片錦斑變異的
個體，多半成株後會返祖，還原成原來的深
蓮個體，且本種生長較為緩慢。另初萌發及
新生的深蓮錦錦斑表現較佳。

▲深蓮錦的錦斑葉色變化使
其觀賞價值提高。

分株換盆示範：

1. 栽培近 3 年的深蓮，介質老化，需進行
分株及更新介質。

2. 去除硬化及老化介質，將其分株，並保
留不慎碰落的下位葉。

3. 強壯的單株，使用排水良好的介質再重
新上盆定植。

4. 完成圖。分株後較小的芽及下位葉可合
植於同一盆中，以節約空間。待植株強壯
後再行分株。

Lenophyllum texanum
德州景天

英 文 名	Coastal stonecrop
繁　殖	種子、扦插及葉插均可。若不慎觸碰葉片易脫落，掉落的葉片會再生成新的植株形成地被狀植群。

深蓮屬

原產美國德州。中名沿用台灣常用通稱，很可能是依其產地命名；英名 Coastal stonecrop，與景天屬共用 Stonecrop 英文俗名；可譯為海岸景天或沿海景天。對台灣氣候適應性強，能露天栽培，但夏季休眠應移置避免豪雨或長期雨淋的環境；若栽培於有防雨設施的溫網室中能輕易越夏，成為溫網室內的雜草。

▲強光或光線充足時葉色較深，呈黑色。

形態特徵

　　為多年生蔓性肉質草本或亞灌木。短直立莖纖細易分枝，老株基部易增生側芽形成叢生狀。進入花期，莖抽長形成花序，花期的莖較柔軟略呈匍匐狀。扁梭形葉對生：葉全緣、肉質，中肋處略向內凹，質地光滑；新葉略有白粉；全日照下植株矮小，葉呈紅褐色；光線不足植株易徒長，葉呈橄欖綠。花期冬、春季之間，花序頂生，小花5瓣，花黃色。

▶德州景天老株基部再生側芽的樣子。

◀德州景天花期集中在秋、冬之季，花黃色，花序長。

▲弱光處植株葉色較綠，且株形鬆散不緻密。

摩南屬

Monanthes

　　屬名 *Monanthes* 源自希臘文，字意為單花的意思。摩南屬植物株型矮小，為景天科中的小型種。本屬下僅有 10 種左右：具一年生及多年生的品種。與銀鱗草屬及山地玫瑰屬一樣產自北非西班牙加拿列群島及野人島（Canary Islands and Savage Islands），少數則分布在馬德里一帶。

　　多數分布在海拔 150 ～ 2300 公尺地區，但摩南屬植物卻不耐霜凍，與銀鱗草屬、山地玫瑰屬及卷絹屬的親緣關係較為接近。

　　常見葉片密生呈蓮座狀排列，花瓣數多於 5。在台灣平地相對栽培較為不易，但少數品種若管理得宜也能在平地越夏。

摩南景天
為台灣常見的摩南屬景天科植物。

▲山地玫瑰屬 —— 山地玫瑰。

▲銀鱗草屬 —— 黑法師。

▲卷絹屬 —— 卷絹。

摩南景天
自短縮的莖基部橫生走莖，走莖末端形成不定芽。光線不足時葉柄長，葉色翠綠，株型較為鬆散。

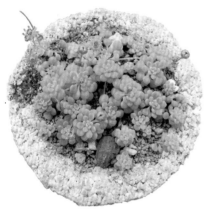

▲於秋涼取走莖不定芽直接扦插後生長 3 ～ 4 月情形；光線充足時摩南景天葉柄短，葉色較淺。

栽培管理

生長期為冬、春季至春、夏季間，台灣栽培業者以「冬天像雜草，夏天要死不活」這句話形容該屬多肉植物。原產自高緯度國家，在台灣平地夏季的適應性並不佳，台灣商業栽培流通的品種也不太多，僅少數適應性佳的品種能越過夏季高溫的季節。

冬、春季低溫季節適逢生長期，正常給水或供應充足水分，待土面乾了再給水之原則管理，有助於植群生長；但夏季生長不良季節，除減少水分供給外，應移至略遮蔭處並營造低夜溫環境，以避免植群大量傷亡。

繁殖方式

分株或取側芽扦插繁殖為主。待秋涼或夜溫開始變低後，可開始更換介質或重新取芽扦插繁殖。

Monanthes brachycaulos
摩南景天

| 繁　殖 | 春、秋季為繁殖適期，取走莖不定芽扦插即可。 |

原產自北歐、西班牙加拿列群島。本種可耐 1℃ 的低溫，於台灣栽培並不困難，建議可淺盆栽植，使用排水良好的介質。越夏時稍加注意管理，節水並移至遮陰處即可；生長期間可充分給水。

形態特徵

株高約 1 ～ 2 公分。圓卵形的葉具長柄，葉片輪生於短縮莖上；葉光滑、全緣。成株後於莖基部會橫生走莖，走莖前端會形成不定芽，生長旺盛時，呈地被狀或滿溢出花盆。花期春、夏季之間，花期長；花瓣為 5 的倍數；花淺綠色呈半透明狀。

▲生長旺盛時容易滿溢出盆外。

莫拉里斯草 *Monanthes muralis*
中名以其種名音譯而來，又名莫拉里斯摩南。原產自加拿列群島海拔 300 ～ 800 公尺地區。莖幹易木質化，呈小灌木狀。綠色長卵形的葉片，輪狀排列在莖節上。

◀花淺綠色，質地半透明，花瓣為 5 的倍數。

331

Monanthes polyphylla

瑞典摩南

繁　殖｜分株繁殖為主，可於秋涼後進入生長期時進行。

種名 polyphylla 為多葉片的意思，形容本種具大量葉片。產自北歐、西班牙加拿列群島。瑞典摩南在台灣花市常見，栽培與摩南景天相似，但生長較為緩慢。每 2 ～ 3 年應換盆或更新介質為佳。

形態特徵

　　株高可達 10 公分左右。生長旺盛時外觀呈地被狀。小葉綠色至褐色，葉肉質具短柄、輪生。

▲入夏後的管理很重要，記得通風、限水及移至陰涼處將有助於越夏。

▲於生長季，水分充足下生長的姿態。

▲叢生的肉質小葉短縮在莖節上。

瓦松屬

Orostachys

玄海岩開花時，心部的葉形變成細長狀並向內包覆，之後再自心部向上抽出總狀花序，白色小花輪生於花序上。

又稱爪蓮華屬，為多年生肉質草本植物。本屬共計近 20 種左右，主要分布亞洲溫帶地區。屬名 *Orostachys* 源自希臘文，字根 oros- 為山的意思；stachys- 為花穗的意思，形容本屬開花時，自莖頂部抽出的寶塔狀花穗形如高聳山峰。多數開花後即死亡，花後會產生大量種子，可收取種子播種繁殖。

部分品種為夏季生長型，並於夏季與冬季有不同的外觀形態。

外形特徵

　　莖短縮不明顯，葉匙狀或長披針狀，葉無柄呈蓮座狀排列。一旦植株成熟後，會自莖頂處抽出花序。花期常見於冬、春季。花白色或乳黃色，花小型呈總狀花序，花後母株死亡，於花序上產生大量種子，可收取細小種子再行播種繁殖。

栽培管理

　　生長期以冬、春季為主，但部分品種則於夏季生長。原產自亞洲溫帶地區的瓦松屬植物對台灣平地氣候較不適應，於夏季的高溫季節，如為冬、春季生長型品種，栽培管理時除了以限水及營造低夜溫微環境外，也可在入夏前進行繁殖，以再生的小苗栽入1寸盆或小盆，利用限盆方式營造利水及透氣的根域環境，提高對夏季不良生長季節的適應性。若為夏季生長型品種，則可正常供水，以利回復到生長型的外觀，有利於新生側芽及植群的繁衍，但仍以土面乾了再給水的方式管理，冬季休眠後植群開始縮小形成休眠形態的外觀，休眠後則應限水管理為宜。

繁殖方式

　　本種不易葉插，除部分生長走莖或側芽的品種，以分株或走莖上的小芽進行扦插繁殖外，常見以胴切去除頂芽方式，刺激大量葉腋間側芽的發生，待側芽茁壯後再自母體上切下，待傷口乾燥後進行扦插繁殖。繁殖適期以冬、春季為宜。

胴切（去除頂芽）之繁殖方式：
（以玄海岩為例）

Step1
將莖頂部切除。

Step2
切除後約 2 ～ 3 週傷口處癒合，並開始形成癒合組織且葉片向上挺。

Step3
切除後 6 ～ 8 週，於去頂傷口的葉腋處萌發大量側芽。

Step4
待側芽夠大後，自母株上切取下來扦插。

Orostachys boehmeri
子持蓮華

異　　名	*Orostachys iwarenge* var. *boehmeri*
英 文 名	Dunce's cap, Chinese dunce cap
別　　名	白蔓蓮、玫瑰石蓮、石玫瑰、多子
石蓮	
繁　　殖	分株或是以走莖不定芽扦插為主。

原產自日本北海道青森縣一帶。中名沿用日本俗名子持ち蓮華而來。英名 Dunce's cap 指一種圓錐狀高帽，形容其圓錐狀高起的花序。生長季節易自葉腋處橫生走莖，若光線不足本種易徒長，葉形狹長、葉序鬆散。入夏後需注意水分管理，並移至陰涼處越夏。另有錦斑的變異個體。

▲適用於單植或作為組合盆栽的前景素材，或是其他大型盆栽的護盆草使用。

▌形態特徵

　　為多年生肉質草本植物，常呈地被狀。株型小，株高約 3～5 公分。匙形葉全緣、無柄，葉序呈蓮座狀排列，單株外觀狀似含苞待放的玫瑰。葉表面被有白色粉末狀物質。花期以秋、冬為主；黃色花小型，開花後即死亡。

▲叢生狀的白蔓蓮植群像是一團美麗的花束。

Orostachys boehmeri 'Variegata'
子持蓮華錦

| 別　名 | 白蔓蓮錦 |

為白覆輪的錦斑品種，外觀上整體株形較子持蓮華小，生長較為緩慢。

▲多了錦斑的變化，子持蓮華錦更加可愛。

▲子持蓮錦的錦斑多變，植群中也會出現全錦的個體。

Orostachys japonicas
瓦松

英 文 名	Rock pine
別　　名	昭和、秀女、爪蓮華
繁　　殖	分株及播種，分株適期為春、夏季

之間。可於花後收集種子，於隔年春暖後進行
播種。

分布在日本、中國、韓國等地，常見生長在低海拔山區的岩石上；在中國則常見分布在溪谷邊的岩石上。耐貧瘠，喜好生長在排水良好的環境，對土壤的適應性佳，偏酸性或偏鹼性土壤皆能生長。因常見生長在岩石地區，短棒狀的深綠色葉叢狀似叢生的松葉，因而得名 Rock Pine；而中名則沿用日本通用之俗名而來。因富含一些特殊的脂肪酸等成分，具促進免疫系統功能，可作為藥用植物。

▌形態特徵

二年生至多年生肉質草本植物，開花時株高達 10 ～ 15 公分。外觀變化差異極大，夏、秋季生長期間，植株葉片由線形或長披針形，輪生在短莖上；冬、春季進入休眠後，植株心部葉片變成鱗片小葉，呈覆瓦狀排序包覆成冬季的休眠型態。休眠期葉具有長尾尖。花期常見於夏、秋季之間。

▲季節交替時可在一盆瓦松上同時看見不同形態的植株外觀。

▲瓦松為夏季生長的多肉植物，春暖後會開始長出新葉。

◀入冬後，瓦松休眠期的外觀。

Orostachys iwarenge
玄海岩

異　　名	*Orostachys malacophylla* v. *iwarenge*	
別　　名	玄海岩蓮華	
繁　　殖	胴切去除頂芽，誘使側芽發生後再行分株。花後會產生大量種子，亦可收取種子以播種方式繁殖小苗。	

經由日本園藝栽培選拔，具不同的錦斑個體變化。台灣常稱玄海岩、富士及鳳凰為大三元，若再加上金星（黃覆輪的錦斑變異），則戲稱為大四喜。錦斑個體的栽培較為困難，但大原則為使用較小的盆器栽培，配合水分控制有助於越夏。玄海岩在瓦松屬中較不易產生側芽或走莖。

▲葉片上具蠟質粉末，外觀有時呈現灰藍色。

Orostachys malacophylla v. *iwarenge* f. *variegata* 'Fuji'
富士

繁　　殖	建議於春季時進行，但富士的錦斑變異不太穩定，胴切去除頂芽後，增生的側芽常會變異成黃中斑的鳳凰或褪斑形成全綠的玄海岩。	

為玄海岩葉色白覆輪的錦斑變異。

▶富士為較常見的白覆輪品種。

▲植株外觀就像朵蓮花一樣可愛。

Orostachys malacophylla v. *iwarenge* f. *variegata* 'Howo'
鳳凰

繁　　殖 | 鳳凰進行胴切後較為穩定。部分側芽會褪斑變成全綠的玄海岩，但較不常見白邊變異的富士或具黃邊變異的金星。

為玄海岩葉色黃中斑變異的個體。

▶冬、春季水分充足時葉片茂盛茁壯的樣子。

◀略微缺水及光線充足時，心部葉序會緊密包覆；而即將進入花期的植株也會有類似現象。

Orostachys sp.
爪蓮華

異　名	*Orostachys spinose*
繁　殖	播種及分株；台灣常使用分株方式繁殖。

中名沿用台灣俗名而來，但學名無法考據。經圖相資料比對，外觀與中國稱為修女或黃花瓦松 *Orostachys spinosa* 的品種外觀相似。在此共列為異學名，以供參考。若以黃花瓦松來討論本種，其產地分布在中國東北、蒙古、日本、韓國等地，常見生長在海拔600～2900公尺山區向陽的石縫中。

形態特徵

為一至二年生的草本植物，花後產生大量種子。為夏季生長型品種，外觀與昭和相似。本種葉片較短較寬，綠色的葉具光澤，呈披針形、互生，葉末端較圓，且略向內凹並有長尾尖或短棘。入冬後植物會形成休眠型態，形成蓮座般的覆瓦狀排列。花期於夏、秋季之間；在台灣可能因氣候條件關係並不常見開花。

▲冬季爪蓮華葉片短縮形成蓮座狀的覆瓦狀排列。

▲由夏季生長期進入冬季休眠期的外觀，外圍葉為夏季生長時的葉形。

厚葉草屬

Pachyphytum

　　屬名 *Pachyphytum* 源自希臘文，由字根語意來看，pachys 英文字意為 thick（肥厚），Phyton 英文字意為 plan（植物）的意思，形容本屬植物具有肥厚葉片的特徵，中名以厚葉草屬稱呼較為貼切。台灣另稱美人屬，係因不少日系選拔的栽培種都以美人為名，如 *Pachyphytum oviferum* 中選拔出如星美人 'Hoshibijin'、京美人 'Kyobijin'、月美人 Tsukibijin' 等，Bjjin 在日文中即為美人的意思。

　　與擬石蓮屬 *Echeveria* 及朧月屬 *Graptopetalum*、景天屬 *Sedum* 等為近緣種，可與幾屬進行遠緣的屬間雜交，其中如紫麗殿和霜之朝均著名的屬間雜交種。厚葉草屬在景天科所占種類不多，僅只有 10 幾種原生種，主要分布在墨西哥東部至中部一帶，常見生長在海拔 600～1500 公尺地區，部分資料紀錄可分布到 3000 多公尺山區。常見生長在排水良好的向陽坡面或岩石縫隙中。

外形特徵

具直立莖，株高可達 15 ～ 25 公分。葉形呈匙狀或卵圓形，質地厚實。中肋常不明顯，具有微微突起的尾尖；葉片以灰白色、灰綠色為主；部分品種在日夜溫差大、日照充足時，葉色會略為轉紅；葉面均被有薄薄白粉。

花期集中在春季，聚繖花序長，下垂微彎曲呈彎鉤狀，由莖頂葉腋下抽出，花瓣數 5，半開張狀，花白、紅、橘色都有；花瓣內緣或內側有紅色眼斑狀。

▲厚葉草屬葉片渾圓狀似雞蛋，質地厚實。

▲紫麗殿與厚葉草屬外觀相似，但實為景天屬與擬石蓮屬的屬間雜交品種。

▲星美人，狀似卵形的葉片，在冬、春季低溫時葉片會帶有淡粉色紅彩。

▲星美人的花序不分枝，自莖頂處抽出彎曲狀的花序。

▲千代田松的花序不分枝並呈彎曲狀，花莖上肉質小葉不多，花常半開略向下垂。

栽培管理

　　厚葉草屬與朧月屬的多肉植物一樣，並不難栽培，是多肉植物新手不可錯過的屬別之一，雖然品種不多，但肥厚短胖的造型可愛，又有美人之名，成爲許多愛好者蒐集的屬別之一。

　　本屬對台灣氣候的適應性佳，可栽培在光線充足至明亮環境下，栽種時以透氣、排水性佳的介質爲要領。本屬下的植物極度耐旱，於冬、春季及春、夏季之間生長較爲旺盛，可適度充足給水，其他非生季節時，可待介質乾燥後再給水的節水方式管理。相較於擬石蓮屬及朧月屬來說，其生長速度較爲緩慢。

繁殖方式

　　厚葉草屬植物以扦插繁殖爲主。除了剪取莖頂扦插外，本屬植物易進行葉插。常見花友以寄送或交換葉片方式進行繁殖。方式很簡單，將葉平放在盆面上，置於光照明亮處，葉片會慢慢萎縮，於葉基處生長點即產生側芽。

▲葉插容易，圖為新桃美人葉片再生小苗的情形。

▲剪取頂芽扦插的方式，可生產出生長勢較一致產品。

Pachyphytum compactum
千代田之松

繁　殖｜葉插

分布自墨西哥克雷塔羅（Queretaro）和伊達爾戈（Hidalgo）等地，常見生長在海拔 2000 公尺背陽面的懸崖上。資料上常以 Easy to grow 介紹本種，說明它容易栽植，也是台灣常見的厚葉草屬品種之一；對台灣氣候適應性佳，栽培管理及越夏容易，是新手不可錯過的品種之一。

▲紡錘狀近短棒狀的葉片，葉面上有特殊的稜狀葉紋。

▌形態特徵

短直立莖，株高約 10 ～ 15 公分。綠色或翠綠的紡錘形短棒狀葉片全緣，以近輪生方式著生於短莖上。葉面末端有特殊的稜線分布，具白色或半透明的尾尖。花期春季，自莖處抽出長花序，呈彎曲狀，花橘黃色。

▲在日夜溫差大的環境下，葉色更為鮮綠，葉末端有白色或半透明的尾尖。

▲千代田之松的老欉，株高可達 15 公分左右。

344

Pachyphytum compactum var.
千代田之松變種

別　　名 | 長葉千代田之松

錘狀及短棒狀的葉片較狹長；葉色較白，葉
面仍有明顯的稜狀紋路。

▲葉形較狹長。

▲由莖頂附近葉腋
處抽出長花序，花
序呈彎曲狀。

Pachyphytum compactum 'Glaucum'
新桃美人

別　名│白千代田之松

栽培種名沿用日韓及國內常用的方式標註。
本種葉面上覆有較厚的白色粉末，葉形較接
近卵圓形或長橢圓形，葉面上的稜紋較不明
顯，集中在葉末端葉緣處。

▶花序自莖頂下
方葉腋處抽出。

▲新桃美人 3 寸方盆的商品。

▲新桃美人葉色潔白，葉緣處仍可見千代田
松特有的稜狀紋路。

Pachyphytum compactum 'Little Jewel'
小珠寶

早期引入國內的栽培品種，葉形較千代田之松小，尾尖明顯，葉面同樣具特殊稜紋，更易生側芽，常見形成叢生狀植群。到了冬、春季日夜溫差大時易轉色，葉色會帶有紅彩，葉尖具明顯的紅色斑塊。

▲幼株的長尾尖較明顯。

▲葉末端有紅色或橘紅色斑；葉片較千代田松多了葉色變化的表現。

▲小珠寶成株後，外型像是肥胖版的千代田松。

Pachyphytum glutinicaule
稻田姬

別　　名	醉美人
繁　　殖	扦插

生長環境條件合宜下，於冬、春季日夜溫差較大時，葉片會帶有淡粉紅色澤。

▌形態特徵

　　具短莖。淡綠色長橢圓形或長匙狀葉片互生或近輪生於短莖上。葉全緣，尾尖明顯。日夜溫差大時，葉末端轉為淡粉紅色。

Pachyphytum oviferum
星美人

異　　名	*P. oviferum* 'Hosibijin'/*Pachyphytum ovatum*
英文名	Moonstones, Pearly moonstones, Sugar almond plant
繁　　殖	葉插、扦插

原產自北美、墨西哥，常見生長在崖壁的縫隙中。種名 oviferum 字根源自拉丁文，ovum- 英文字意為 eggs，即為蛋或卵的意思，形容本種葉形狀如卵形；早年台灣花市也稱為雞蛋石蓮。中名以通稱的日文俗名而來，日文俗名則譯自其中一種註名栽培種星美人 'Hosibijin' 而來。常用英名 Moonstones，可譯為月石。*Pachyphytum oviferum* 族群內有不少栽培種，如桃美人 'Momobijin'、月美人 'Tsukibijin'、京美人 'Kyobijin' 等，其外形相似，僅葉形、葉色上部分差異而挑選出來的栽培種，又因引種資訊不詳及市場名稱混亂，常造成鑑別不易。

▲星美人葉形圓潤，葉面覆有厚白粉。

▌形態特徵

　　具短莖，淡綠色卵圓形葉片互生或近輪生於莖節上，葉全緣，尾尖不明顯，葉面滿覆白色粉末。花期春、夏季之間，花序呈彎曲狀，花紅色。外觀與稻田姬相似，但稻田姬葉形較狹長，呈披針狀或長匙狀，且尾尖較明顯。

▲冬季或日夜溫差大時肥厚的葉片會轉色，略帶淡粉紅色。

▲葉形圓潤，尾尖並不明顯，葉片也無特殊的稜線紋。

月美人 *Pachyphytum oviferum* 'Tsukibijin'
又稱紅月美人，外形與星美人相似，僅葉色
較偏紅的栽培品種。但星美人在日夜溫差較
大環境下葉片也會轉色。

京美人 *Pachyphytum oviferum* 'Kyobijin'
中名沿用日文栽培種名 'Kyobijin' 而來，京
美人為葉形較狹長的品種。

Pachyphytum werdermannii
沃德曼尼

別　　名	歪歪美人、歪歪石蓮、歪歪景天
繁　　殖	扦插

中名以種名音譯而來。本種原產自墨西哥 Tamaulipas 地區，常見生長在海拔 600 ～ 700 公尺的緩坡上。

▌形態特徵

具直立莖，易自莖部增生側芽，形成叢生植群，因生長姿態不太對稱，常偏斜一側，而得名歪歪。灰白色或灰綠色的長橢圓狀葉片互生於短莖上，葉全緣，葉無尾尖常呈鈍圓頭狀，葉面上覆有白色粉末。花期春、夏季之間，花序自莖頂下方葉腋抽出，花瓣 5，花白色，白色花瓣內部具紅色斑紋。

▲因葉片生長方式經常歪斜，而得「歪歪美人」的別稱。

▲白色花瓣具紅色斑紋。

厚葉草屬

× *Pachysedum* 'Ganzhou'
豔美人

異　名	*Pachyveria* 'Royal Flush'	
別　名	紅手指	
繁　殖	扦插	

僅知悉其為厚葉草屬與景天屬的屬間雜交種，本種相關的雜交親本及育種資料紀錄不詳。並不難栽培，越夏容易，僅生長緩慢，能行葉插繁殖。

形態特徵

具短莖，株高約 15～20 公分，生長緩慢。紅色至酒紅色長棒狀葉互生或近輪生於短莖上。葉全緣，具薄白粉，葉尾尖不明顯呈鈍圓狀。花期春、夏季之間；花序會分枝，花呈橘紅色。

▲豔美人特殊的酒紅色葉令趣味栽培者大開眼界。

▲長棒狀的葉微彎曲，中國俗名紅手指，形容的極為貼切。

▶花序會分枝。

× *Pachyveria* 'Clavifolia'
香蕉石蓮

別　名	立田鳳
繁　殖	葉插

中名以台灣常用俗名訂之。依 International Crassulaceae Network 資料上紀錄其親本為 *Pachyphytum bracteosum* × *Echeveria rosea*，葉片狀似一手又一手的香蕉果指。

形態特徵

　　有短直立莖，株徑不及 8 公分。灰白色或灰綠色的長匙狀葉片，互生近輪生於短莖上，葉全緣略向生長點微微彎曲，尾尖不明顯呈鈍圓頭狀，葉面覆有薄白粉。花期春、夏季，花序分枝，花橘紅色。

▲灰白色的香蕉石蓮栽培管理容易。

▲春、夏季花期，花序抽出的情形。

▲橘紅色的花序會分枝。

× *Pachyveria* 'Dr Cornelius'
青星美人

異 名	*Pachyphytum* 'Doctor Cornelius'
繁 殖	扦插

中名依台灣常用俗名訂之，但學名的部分依 International Crassulaceae Network 資料上來看，本種應為厚葉草屬與擬石蓮屬的雜交種。母本為稻田姬，而父本則不詳（*Pachyphytum glutinicaule* × *Echeveria* sp.）。台灣學名常用厚葉草屬下的栽培種 'Doctor Cornelius' 表示。本種生性強健，可露天栽培。

▲外觀和擬石蓮屬的白鳳相似，但葉色偏青且葉幅較窄，直立莖明顯。

▎形態特徵

青星美人為中大型品種，株徑可達 20 公分，具有直立莖。灰綠色橢圓形或披針形葉互生近輪生於莖節上。葉全緣，中肋處略凹陷，有尾尖。花期春季，花序分枝，有肉質小葉著生；花橘紅色。

青星美人綴化
× *Pachyeveria* 'Dr Cornelius' cristated
青星美人綴化後的個體，生長點線狀生長及叢生後的植株個體。

▲青星美人的花序上具肉質小葉及分枝的花序。

× *Pachyveria pachyphytoides*
東美人

繁　殖	扦插

中名以台灣常用俗名訂之，外形與朧月屬中的朧月外觀相似。對台灣風土適應性佳，栽培管理容易，越夏也不難，因此也用作食用石蓮栽培。據 Internal Crassulaceae Network 紀錄資訊，提到本種為 1874 年由 L. de Smet 先生以 *Pachyphytum bracteosum* × *Echeveria gibbiflora* var. *metallica* 為親本育成。

形態特徵

　　中大型品種，具直立莖，單株直徑約 8 ～ 10 公分，株高可達 30 ～ 40 公分。灰綠色的匙狀葉互生或近輪生於莖節上；葉全緣、末端較圓潤有尾尖。葉面上略有薄白粉；光線不足時葉色偏綠，光線充足或於冬、春季日夜溫差大時，葉色略有粉紅色質地。花期為春、夏季之間，花序會分枝，花莖上有肉質小葉；花瓣較開張，橘紅色的花中肋處有深色斑。另有錦斑品種，稱為東美人錦 × *Pachyveria pachyphytoides* 'Variegata'，為葉斑白色的變化，會不規則出現於葉片上，錦斑品種於低溫生長期表現較為鮮明。

▲進入生長季目光線充足時，葉色略帶粉色。

▲光線不足時東美人葉色偏綠，葉形較圓潤，可與朧月做區別。

355

× *Pachyveria* 'Powder Puff'
霜之朝

異　　名	× *Pachyveria* 'Exotica'
別　　名	蛋白石蓮
繁　　殖	扦插

中名沿用日文俗名霜の朝而來，若以 Powder Puff 栽培種名可譯為粉撲石蓮。據 International Crassulaceae Network 紀錄的資料來看，為 1970 年代左右以星美人與凱特（*Pachyphytum oviferum* × *Echeveria cante*）雜交的後代，育種者資料不詳。除常見栽培種名 'Exotica'，也常標註為 'Shimono-Ashita'、'Kobayashi'，本種對台灣的適應性佳，為花市常見品種，雪白色的外觀十分討喜。

▲霜之朝為花市常見好栽的品種之一，雪白的外觀很討喜。

形態特徵

　　為中小型品種，單株直徑約 5 ～ 8 公分，具直立莖，易自莖基部增生側芽，成株後易呈叢生植群。灰白色的匙狀葉互生或近輪生於短莖上；葉全緣，具有紅色尾尖，全株覆有白色粉末。

▲葉面有大量白色粉末，輕輕觸碰易掉落。

× *Pachyveria* 'Royal Flush'
紅尖美人

異　名	*Pachyphytum* sp.
繁　殖	扦插

就株形及外型來判別，本種扁平狀的葉形，及花莖上有肉質小葉著生、花序分枝等特性，極可能是厚葉草屬及擬石蓮屬的屬間雜交種，經圖片相關資料比對，與 × *Pachyveria* 'Royal Flush' 極為相似，但因引種資訊不詳，中名暫以台灣常用俗名表示。在學名則分別以 × *Pachyveria* 'Royal Flush' 及 *Pachyphytum* sp. 表示。

▲株徑不大，約 8 公分左右。

形態特徵

　　與青星美人相似，但本為小型種，株徑不達 10 公分，具有直立莖。有綠色的長橢圓狀或披針狀葉，互生或近輪生於莖節上，葉全緣，具紅色尾尖。花期春季；花序開放於莖頂下方葉腋處，花莖上有較多的肉質小葉，花朵枝條會分叉，花呈橘紅色。

▲長橢圓或長匙狀葉，具紅色尾尖。

▲春、夏季花期時，於莖頂下方葉腋抽出會分枝的花序。

357

瓦蓮屬
Rosularia

瓦蓮屬植物葉多扁平，葉緣具直線排列狀的纖毛。

　　本屬為小型的多年生草本植物，叢生的植群，外觀與其近緣種卷絹屬植物十分接近。原生種約 25 ～ 35 種之間，園藝栽培種約 80 種左右，廣泛分布在歐洲至非洲北部地區。為中亞地區蝴蝶 *Parnassius apollonius* 重要的蜜源植物。在中國新疆有 3 種原生的品種。

外形特徵

　　瓦蓮屬植物其特徵為具有卵圓形及長匙狀葉形，葉扁平無葉柄、葉覆絨毛，著生在短縮莖上呈蓮座狀排列。葉緣具直線排列的纖毛（margin ciliate）；易生走莖，呈現叢生姿態。葉片因品種不同，在夏季溫度不同時會轉色，葉色變化由綠色至淡紅或淡褐紅色之間轉變，卷絹屬植物葉片多半不具轉色現象。花期在春、夏季之間；花莖長且單生，自葉腋中抽出；呈圓錐或繖房花序，花白色至黃色。花後母株不會死亡，仍能繼續生長。

栽培管理

　　瓦蓮屬植物適應性強，但與卷絹屬一樣喜好在冷涼的季節下生長。在台灣栽培時，仍需注意夏季的管理，高溫、高濕環境並不利於本屬植物生長，若介質排水不良時會加速植株的死亡。栽培時除注意介質的透氣及排水性外，可營造微環境，利用夜間加開電扇、選擇有海拔高低差或夜溫較低的環境下栽種，都有助於本屬植物的越夏。

繁殖方式

　　瓦蓮屬易生側芽，或是產生走莖後再生側芽形成叢生的植物，最常利用分株法繁殖。

菊瓦蓮取芽及分株示範圖：

1. 選取發育充實的菊瓦蓮母株，剪取強壯的側芽。

2. 待側芽基部傷口乾燥收口後，可直接以側芽扦插方式定植於1.5～2吋盆內。接著置於光線明亮處以利根系再生。

1. 將成株取出，配合繁殖進行分株時，一併進行菊瓦蓮換土作業，以利分株後母株的生長。

2. 於母株下方選取強壯的側芽，自側芽基部剝離下來再行定植。

Rosularia platyphylla
菊瓦蓮

別　　名	卵葉瓦蓮
繁　　殖	分株

為台灣常見的瓦蓮品種，本種原生於新疆海拔 2200 ～ 2800 公尺山區的峽谷山壁上。

▌形態特徵

　　為多年生肉質草本植物，單株直徑約 2.5 公分，叢生後植群株徑約 5 ～ 10 公分。翠綠色的卵圓形葉覆有絨毛，葉緣具直線排列狀纖毛，冬季在日照充足及低溫環境下，植株叢生會更小型，葉片會轉色，狀似香檳色的小玫瑰。台灣並不常見花開；夏季栽培時需注意低夜溫的微環境營造。

▲菊瓦蓮葉扁平，葉緣具直線排列狀的纖毛。

▲菊瓦蓮叢生植群，栽植於 3 寸盆的情形。

▲光線充足及略有限水時，菊瓦蓮葉緣轉色的型態。

景天屬
Sedum

又稱佛甲草、萬年草屬，英文俗名統稱本屬植物為 Stonecrops，主要分布於北半球。本屬約有 400 ～ 600 種，台灣景天屬 *Sedum* 植物約有 15 種左右，如疏花佛甲草、玉山佛甲草、松葉佛甲草、台灣佛甲草等；台灣北海岸最常見的石板菜及高海拔山區可見的玉山佛甲草等都為本屬植物。

景天屬的多肉植物生長型態多樣化，一年生及多年生的種類都有，植株形態以蔓生及地被狀為主。

北海岸石板菜於春、夏季開花的情形。
（江碧霞／攝）

外形特徵

花多為 5 瓣，偶見 4 瓣或 6 瓣；雄蕊數目為花瓣數的 2 倍。

黃金圓葉萬年草 *Sedum makinoi* 'Ogon'
開放在枝條頂梢，黃色花，5 瓣。

加州夕陽
× *Graptosedum* 'Calfornia Sunset'
為朧月屬與景天屬的屬間雜交品種。白色花 5 瓣，開在枝梢末端。

玉綴 *Sedum morganianum*
花呈桃紅色至粉紅色，為 5 瓣花。

栽培管理

多為冬季生長型，以冬、春季冷涼季節為生長期；春、夏季開花，花後生長弱勢。有些種類為一年生植物，花後會結果，釋放出大量種子，於秋涼後再生。

景天屬多肉植物生長強健，可作為地被栽植；居家栽培時本屬內有許多品種可作為盆景或組合盆栽時的襯草使用。在中國常取來作護盆草，將這類低矮、密生的肉質草本植物栽植在各類花木盆景的土表上，除防止表土流失外，還可與雜草競爭生長空間，減少除草工作，重要的是還能提高觀賞價值，調節盆土的水分等。正如台灣果園流行的草生栽培一樣，利

用這些低矮的地被植物保護水土、涵養水源、提高地利的意思一樣。雖為多肉植物，但值生長季時本屬植物較其他屬別更需要水分，在台灣皆能露天栽培，適應良好。

雖較喜好充足水分，但品種間也有差異，栽培時應注意介質的排水性及透氣性。本屬生性強健，能在薄層的土壤或介質條件下生長良好，近年成為綠屋頂或立體綠化時常用的植物之一。在國外常作為庭園地被或岩石花園（Rock Garden）的植物素材，因耐旱、低維護管理，成為節水庭園或多肉植物庭園常見的植物之一，且多數景天屬植物具毒性，庭園使用時還能避免野生動物的危害，如野鹿、野兔及鳥類的取食。

進行多肉植物組合盆栽時，景天屬植物為極佳的配角，常作為前景的地被或襯草使用，在加入景天屬植物的元素後，還能對比出其他的焦點植物，讓組合盆栽更具觀賞性，柔化作品及增加美感。

▲薄雪萬年草及黃金萬年草都是組合盆栽時最佳的配角，可烘托出其他大型景天科植物的特色。

▶使用乙女心及薄雪萬年草作為多肉植物組合盆栽配角及襯草，讓作品增色不少。

繁殖方式

　　除少部分一年生種類需以種子繁殖外，多數可採取頂芽扦插繁殖；部分較大型品種亦可使用葉插繁殖。

◀地被形態的各類萬年草，共同栽植後形成綠色地毯狀的姿態。

▲多年生的黃麗 *Sedum adolphii* 也具有地被狀的形態。

▲景天屬多肉植物也能行葉插繁殖；但以頂芽扦插繁殖效率較佳，產品一致性較高。

栽培黃金萬年草或各類小型萬年草時，可使用頂芽扦插方式進行繁殖。為有效縮短栽培時間，以密插的方式進行栽培為佳。下列以黃金萬年草作示範：

Step1

因萬年草類的多肉植物較喜好水分及潮濕，所以可調配較具保水功能的介質。裝填進 2 寸盆中，並充分壓實後備用。扦插工具為尖嘴鑷子。

Step2

自黃金萬年草盆栽中剪取頂芽長度約 3～5 公分的枝條備用，可除去部分下位葉。

Step3

接著將枝條平均插入介質中，可先自中間插入再向外延伸，將枝條插滿即可。

Step4

2 寸盆約需枝條 6～8 枝，若為 3 寸盆，則至少需要 15～20 枝左右。以插滿盆器為原則，栽培 2～3 週後，待根系生長完整即可上市。

若不採扦插方式，萬年草類的景天屬多肉植物多半具有蔓生的莖，可將其剪下平置在備好的盆土上，待莖節上的不定根生長後即可。

Sedum adoiphii
銘月

異　　名	*Sedum adolphii* 'Firestorm' / *Sedum nussbaumerianum*
英 文 名	Adolph's sedum, Goldn sedum
繁　　殖	扦插為主

銘月在 International Crassulaceae Network 的資料上，共同歸納在 *Sedum adolphii* 學名下，造成中名上的混亂。銘月與黃麗可能都是 *Sedum adolphii* 栽培種。銘月在台灣花市另有 'Firestorm' 的栽培種，然因引入台灣的資料無法考據，銘月另有異學名 *Sedum nussbaumerianum*。與黃麗一樣十分好栽植，對台灣氣候適應性佳。

▲光線不足時株形較鬆散，葉形大且兩側的深色輪廓較不明顯。

 形態特徵

　　多年生肉質草本，成年老株外觀狀似小灌木，具有多數分枝；株高可達 30 公分。葉呈黃綠色或金黃色，葉形較黃麗狹長，質地光滑明亮，3 ～ 5 片輪生於枝條上。日照充足時，在葉緣兩側具有淺褐色或較深色的輪廓線；光線不足時則不明顯。花期集中在冬、春季，花序開放在枝條末端。銘月的植株外觀與加州夕陽（朧月屬與景天屬的屬間雜交種）相似。

▲銘月生性強健，黃綠色或金黃色的葉片使其觀賞價值極高。

▲銘月葉片有光澤感。

加州夕陽 *Graptosedum* 'Calfornia Sunset'
葉片帶有粉末不具光澤感，株形與葉形均較
銘月大一些。

▲銘月花開的盛況。

火風暴 *Echeveria* 'Fire Storm'
橙紅色葉緣鮮明，葉色對比較強烈的栽培種。

Sedum adolphii 'Golden Glow'
黃麗

異　　名	*Sedum* 'Golden Glow'
英 文 名	Adolph's sedum, Golden sedum
繁　　殖	扦插及葉插

原產自墨西哥，為景天屬多年生草本植物。在台灣平地栽培容易，越夏時僅需注意避免過度給水，並移至通風陰涼處即可越夏。在 International Crassulaceae Network 的 資料上，與銘月同樣歸納在 *Sedum adolphii* 這個學名內。台灣常見的黃麗可能是 *Sedum adolphii* 'Golden Glow' 的園藝栽培品種。

▲ 取 3 枝頂芽扦插成活後，即可成為市場上常見的三寸盆盆栽。

▌形態特徵

具短莖，株高可達 15 ～ 20 公分。匙狀的肉質葉以蓮座狀方式排列，具蠟質。日夜溫差大及光照充足時，葉黃綠色至鮮黃色，低溫期葉緣泛紅。

▲ 匙狀葉末端具有尾尖，葉色以黃色至黃綠色為主。

▲ 黃麗的花序生長在枝條末端，星形花白色，5 瓣。

Sedum adolphii 'Variegata'
黃麗錦

異　　名	*Sedum* 'Golden Glow' variegated
別　　名	月之王子錦

為黃麗的錦斑變種。因本種葉色鮮黃，除了白色的斑葉變異外，亦有覆輪的斑葉表現，但統稱黃麗錦，其斑葉特徵在低溫生長期較為鮮明。

▌形態特徵

　　與黃麗外觀相似，受錦斑變異影響，缺乏葉綠素以致生長較為緩慢，株型略小一些。

▲生長緩慢，常見株型較黃麗小。

◀錦斑變異的結果，葉色較淺。

371

Sedum album 'Coral Carpet'
珍珠萬年草

英 文 名	Coral carpet stonecrop
別　　名	珍珠米萬年草
繁　　殖	扦插

Sedum album 廣泛分布在北溫帶地區，為長日照植物，在日長增加後才會開花，因此本種植物的花期集中在春、夏或夏季盛開。常見生長在排水良好的岩屑地或山壁上。由這個植群中經園藝化選拔出的栽培品種不少，'Croal Carpet' 為其園藝栽培品種之一。中名沿用台灣通用俗名，又名珍珠米萬年草，說明其短棒狀近乎圓形的葉片。

▲若日夜溫差較大時葉片可轉為紅褐色。

▌形態特徵

　　為多年生蔓性肉質草本。綠褐色肉質小葉呈近圓形或短棒形，輪生在蔓生的短莖上。光線不足易徒長，栽培在全日照下葉色表現較佳，冬季日夜溫差大時葉色轉紅。花期在春、夏季之間，白色花花序開放在枝梢。

◀為蔓性地被型多肉植物，本種越夏時要移至通風陰涼處為佳。

Sedum 'Alice Evans'
春萌

繁　殖	扦插及葉插

人為園藝選育品種。在台灣平地越夏不難，日夜溫差大及日照充足時，葉色表現良好，葉末端具紅色尾尖，葉色對比鮮明。極可能是《Handbook of Cultivated Sedums》的作者 Ray Evans 以 *Sedum lucidum* × *Sedum clavatum* 雜交而得的品種；並以其妻之名 Alice Evans 命名。

形態特徵

為多年生矮性灌木或略呈地被狀。株高可達 30 公分，長橢圓或長匙狀的灰綠色肉質葉具白色粉末。若栽培良好，於春、夏季之間會自莖節處基部再萌發新生的側枝。

▲綠色近長匙狀或長橢圓狀的肉質葉輪生在短莖上。

▲花期時會自心部抽出嫩梢，白色星狀花 5 瓣，在頂梢下方葉腋間呈聚繖花序開放。

◀日夜溫差大及日照充足時，葉色轉淺或帶白綠色質地，葉末端具紅色尾尖。

Sedum allantiodes
棒葉弁慶

英文名	White stonecrop
別　名	白厚葉弁慶
繁　殖	以扦插為主，本種生長較為緩慢，建議以頂芽扦插，於春、夏季間繁殖為佳。

中文俗名源自日本俗稱而來。原產自墨西哥海拔 2100 ～ 2400 公尺山區，喜好生長在全日照環境下，弱光下易徒長。可耐 5℃左右的低溫，生性強健，適合初學者栽培；本種十分耐旱，栽種時使用透水性介質為佳。葉形與厚葉弁慶不同，在台灣花市俗稱小扭扭或小妞妞，戲稱其有趣的葉形。

▲長匙狀或長棒狀葉末端渾圓，且葉尖會微微朝上生長。

▎形態特徵

　　為多年生肉質草本植物，株高可達 15 ～ 20 公分。莖幹明顯，外觀略有小樹狀外形。長匙狀或呈長棒狀葉片互生在枝幹上，較不緻密；葉片不似玉綴輕輕觸碰即易脫落。葉呈淺綠色或略灰藍色質感，葉末端較圓厚，微微朝上生長，葉面覆有銀白色粉末。花期於冬、春季開放。

▲光照充足時，葉較偏灰藍色，葉片上密覆白色粉末。

Sedum alltoides var. *goldii*
厚葉弁慶

異　名	*Sedum alltoides* 'Goldii'
別　名	寬葉弁慶

本種在台灣俗稱大扭扭或大妞妞，形容其較寬厚的葉片，自中肋會略向後或外翻，為棒葉弁慶的變種。

形態特徵

　　葉片質地厚實，不易脫落；圓形或心形葉片互生。葉片不平整，中肋處會略向外翻；葉較偏淺綠色並覆有白色粉末。

▲葉背中肋微微突起，葉片自中肋處略向外翻。

◀葉片偏淺綠色，葉序呈較鬆散排列。

Sedum caducum
卡德克

中名以其種名 caducum 音譯而來，又名
墨西哥景天（但易與深蓮屬中的墨西哥景
天混淆），產自墨西哥。外觀與摩南屬的
莫拉里斯草 Monanthes muralis 外觀相似。
為小型種，深綠色葉對生，葉面有特殊紋
路，狀似皺縮狀的斑紋，叢生於短莖上。
花期於冬、春季，於莖頂上抽出長花莖；
花梗上的小葉易掉落發根再生成小苗。

▲葉面有特殊狀似皺縮般的紋理。

▲易自基部產生側芽，植株叢生狀生長。

▲白色的星形小花，花瓣數 5；摩南屬花瓣
為 5 瓣以上。

Sedum clavatum
克勞森

異　　名	*Sedum clavatum* R.T. *Clausen*
英 文 名	Tiscalatengo gorge sedum
繁　　殖	扦插、葉插

原產自墨西哥 The Tiscalatengo 峽谷上的岩屑地石縫中，英名常以其產地為名。Calusen 先生於 1959 年發現，直至 1975 年才命名，三名法的異學名後會標註 Calsusen 先生大名的縮寫。台灣的中文名應以其種名音譯而來；在中國俗稱為凝脂蓮、勞爾或天使之霖；日名則稱乙女牡丹或乙姬牡丹等。

▲春、夏季於莖頂下方葉腋間開放聚繖花序，白色花呈星狀，5 瓣。

景天屬

形態特徵

　　克勞森全株具特殊香氣，株高約 10 公分，植群緊密，在原生地呈地被狀或匍匐狀生長於岩縫中。老莖上易叢生出新生的枝芽；灰藍色或灰綠色葉片具白色粉末；花開放於春、夏季之間。

▲克勞森葉片覆有白色粉末，全株看似灰藍色或呈灰綠色。日夜溫差大及日照充足時，葉末端具粉紅色尾尖。

▲易在莖基部產生新的枝芽，形成地被狀姿態。

Sedum corynephyllum
八千代

英 文 名	Toliman stonecrop
繁　　殖	葉插或頂芽扦插。取頂芽插穗時應預留 2～3 片葉再剪取頂芽，有利側芽的發生。

分布於墨西哥。種名 corynephyllum 字根 coryne 源自希臘字 koryn，英文字意是 club 或 pestle，譯成俱樂部或杵之意。字根 phyllum 源自希臘字 phyllon，英文字意是 the shape of leaves，譯成葉子的形狀。種名即說明本種棒狀葉叢生的外觀。對台灣的氣候適應性良好，十分耐旱，栽培容易。

▲八千代外觀予人秀氣的感覺。

▍形態特徵

　　為矮灌木狀的多年生肉質草本，株高約 30～40 公分。長棒狀灰綠色葉片略覆有白色粉末。外觀與乙女心類似，但成株基部不易增生側芽，葉片末端不會澎大，冬季日夜溫差大時下位葉會轉黃。在台灣氣候環境下，葉末端不易有轉紅的現象。葉片脫落時八千代的葉痕不明顯。冬、春季開花，花序於頂梢抽出，開放出黃綠色小花。

▲限盆、乾旱及日夜溫差大時，葉色轉黃。

▲八千代老欉。

Sedum dasyphyllum
毛姬星美人

景天屬

中名以毛姬星美人稱之，用來與姬星美人做區別。學名台灣以 *Sedum dasyphyllum* 標註，因可能是姬星美人的原種或近似原生種的栽培種；1753 年由著名分類學家林奈先生所發表的品種。原生在歐洲至地中海一帶，常見生長在海岸的岩石地區。台灣稱姬星美人 'Minor'（品種名在英文字意有較小的、次要的或未成年等意涵）。

▌形態特徵

外觀與姬星美人相似，但葉片上有大量明顯的毛狀附屬物。

▲葉序呈輪生狀，且葉末端具大量毛狀附屬物。

◀與姬星美人、大姬星美人一樣，易匍匐生長成地被狀。

Sedum dasyphyllum 'Minor'
姬星美人

英文名 | Corsican stonecrop, Blue tears sedum, Thick-leaved stonecrop

繁　　殖 | 葉插、頂芽扦插均可。冬、春季為繁殖適期。

原產自歐洲中南部至北非等地中海地區。英文俗名 Coriscan stonecrop，以其產地科西嘉島為名；或以其特殊的灰藍色葉片及葉片具透明分泌物，喚做 Blue tears sedum，形容為藍眼淚景天。外觀與薄雪萬年草相似，但質地更纖細，互生的葉片與薄雪萬年草呈輪生狀的葉片不同。特別的是姬星美人具特殊香氣。本種喜好全日照及光線充足的環境，只栽培在半日照或光線明亮處易徒長。在台灣越夏不難，但應移置通風陰涼處並防止雨淋；入秋後充分供水即恢復生長，此時可重新扦插更新植群。

▲細碎的質地搭配灰藍的葉色，真的有藍眼淚（Blue tears）的錯覺。

▍形態特徵

多年生蔓性肉質草本，葉腋處易生側枝，形成地被叢生狀。卵圓形小葉呈灰藍色或灰綠色，膨大互生在蔓生莖節上；葉片具白色粉末，略有毛狀附屬物。溫差大時葉緣及下位成熟葉會有轉色或帶明顯紅暈。花期春、夏季之間，植株雖然較為迷你袖珍，開花時白色花頗具觀賞性，只可惜台灣氣候並不常見開花。

▲姬星美人葉片上具明顯的毛狀附屬物。

Sedum dasyphyllum 'Opaline'
大姬星美人

另有輪葉姬星美人或稱旋葉姬星美人 *Sedum dasyphyllum* 'Major' 的園藝栽培種,外觀與大姬星美人相似,均較姬星美人大型。但其葉片常以 3 葉輪生方式生長在莖節上;台灣花市較少見。

▍形態特徵

外觀較姬星美人大型。灰藍色或灰綠色的卵圓形小葉無明顯毛狀附屬物,膨大的小葉以互生方式生長。

▲大姬星美人單植時,葉片有十字對生的錯覺。

▲大姬星美人易成叢生、地被狀姿態。

Sedum dasyphyllum 'Major'
旋葉姬星美人

別　名｜輪葉姬星美人

園藝栽培種，為近年引入的品種。外觀與大姬星美人相似，均較姬星美人大型。

形態特徵

　　葉片常以 3 葉近似輪生方式生長在莖節上，而得名旋葉或輪葉；近葉片上著生細短毛狀附屬物；花期春、夏季之間。

▲近輪生的葉序狀似螺旋狀分布，與姬星美人、大姬星美人大不同。

◀葉片微距拍攝下，可觀察到特殊的葉片紋理。

Sedum dendroideum
寶珠

中名沿用台灣常用俗名。產自中南美洲地區，主要原產自南部馬德雷 Sierra Madre 山區一帶，向南分布至瓜地馬拉等地。長匙狀或卵圓形的葉，厚實具光澤。葉面有不規則狀的稜狀紋。紅色葉緣處具有特殊的腺體。

▶葉末端具紅色葉緣。以頂芽扦插繁殖生產的三寸方盆產品。

◀景天屬中少數呈現灌木狀姿態的品種；翠綠色的葉質地厚實，具光澤。

Sedum formosanum
石板菜

別　　名	台灣佛甲草、台灣景天、東南佛甲草、白豬母乳、白豬母菜、雀利
繁　　殖	扦插及種子繁殖

台灣為原產地之一，主要分布在海岸及離島地區，原生地多見於岩石隙縫或石礫地。好強光，全株耐旱、耐鹽、耐貧瘠，外觀也十分討喜，應可作為園藝栽培使用，未來還可推廣作為綠屋頂材料。

▲可自野外剪取枝條以扦插方式繁殖。

▌形態特徵

　　為一、二年生多肉草本植物，全株光滑，莖簇生，略斜上生長，常見 2 或 3 分枝。綠色圓匙狀單葉對生或互生於莖節上。花期春、夏季之間，聚繖花序，小花多，花鮮黃色。

▲生長於向陰面的石板菜也能適應光線較不足環境。

▲全日照環境下的石板菜，株形緻密，葉片會較肥厚。

Sedum hernandezii
綠龜之卵

中名沿自台灣通用俗名。產自墨西哥，海
拔 2500 公尺地區。株高約 14 公分左右。
易自基部增生側芽，形成地被狀的群生姿
態。葉形與耳墜草相似，
但生長速度緩慢。翠綠色的圓棒狀小葉，
互生於短莖上，葉片有光澤，但葉面上布
有不規則的冰裂紋。黃色的花序，開放在
枝梢頂端。

▲圓棒狀的小葉，對生；像是綠色的渾圓耳
墜草。

▲葉有光澤，但葉面有冰裂紋分布。

Sedum hintonii
信東尼

異　　名	*Sedum hintonii* R.T. Clausen
繁　　殖	扦插

原產自墨西哥，常見生長在岩石縫隙中，與旱生鳳梨及仙人掌混生。Calusen 先生於 1943 年發現後命名。台灣花市稱為信東尼，應以種名 hintonii 音譯而來。少數具毛狀附屬物的品種，毛茸茸的外觀在中國稱為「毛葉藍景天」。

對於台灣平地高溫、高濕環境較不適應，栽種時需注意微環境的調整，除保持乾燥外，若能營造日夜溫差均有助於生長及越夏。

▲信東尼頂生花序，花白色。

形態特徵

多年生肉質草本，植株低矮常呈叢生狀。匙圓形的肉質葉 3 ～ 5 片輪生或叢生在短莖上；葉淡綠色或略呈灰藍色，葉片上覆有短毛狀附屬物。

▲信東尼成株，植群叢生十分美觀。

▲全株均覆有短毛狀附屬物，光照充足時葉色帶有灰藍色調。

Sedum hispanicum
薄雪萬年草

英 文 名	Spanish stonecrop, Tiny buttons sedum
別 名	薄雪草、磯小松
繁 殖	扦插

中文名應沿用自日本俗名薄雪万年草而來。廣泛分布在歐洲南部至中亞地區，適應性強，越夏也不困難，常作為小品盆景的襯草或單獨栽培為小品盆栽欣賞。具匍匐生長及耐旱特性，可密植作為耐旱的地被或推廣為綠屋頂材料。

▲在台灣適應性佳，平地及中、高海拔山區皆能種植。

景天屬

形態特徵

　　多年生肉質草本地被植物。灰綠色或灰藍色的棒狀小葉覆有白色蠟質粉末，葉輪生或螺旋狀排列著生在蔓生的莖節上；下位葉易脫落。莖節易生不定根。花期春、夏季之間，但台灣不易觀察到開花的情形。

▲光照充足、缺水時，或夏季進入休眠期，薄雪萬年草的植株形態十分緻密，葉偏灰綠色。

▲光線、水分充足時，於生長期植株葉色偏灰藍。

387

Sedum 'Milky Way'
銀河薄雪萬年草

別　名｜大薄雪草、大型薄雪萬年草

外觀與薄雪萬年草相似，但株型卻大上一倍。台灣的種源極可能來自於日本 *Sedum* 'Milk Way' 園藝栽培種。本種外觀也 與 *Sedum diffusum* 及 *Sedum diiffusum* 'Potosinum' 相似，但已無法考據本種來源為何，就以 *Sedum* 'Milky Way' 標示本種。

▌形態特徵

　　與薄雪萬年草相似，但株形較大。葉偏灰白色，在冬季日照充足、溫差大時，或在乾旱環境下，本種葉片會略帶有紅暈色澤，且在葉末端處會有紅褐色小點，薄雪萬年草則無。

▲銀河薄雪萬年草與薄雪萬年草、細葉萬年草混生的情形。銀河薄雪萬年草（上圖左）色澤較白，株形較為碩大。

▲冬季日照充足、溫差大且環境乾旱時，灰白色葉片會略帶紅暈，且葉片末端會出現紅褐色小點。

▲光照不足時，銀河薄雪萬年草易徒長，植株形態較為鬆散。

Sedum japonicum sp.
黃金萬年草

英文名	Golden stoncrop
別　名	日本佛甲草、日本景天
繁　殖	扦插

原產自日本及中國等地，常見生長在向陽坡或疏林的岩石地環境。原生種應為綠色枝條經人為選拔出黃葉的栽培種，如同常見的黃金金露華，乃由金露華枝條變異選拔出來的斑葉品種。本種越夏時要注意，應移至陰涼或半遮蔭處並適度限水，待秋涼後再重新扦插繁殖。

▲黃金萬年草雖然形態較小，但卻是重要襯草，少許栽植能成為組合盆栽的亮點。

▌形態特徵

　　為地被狀的多年生草本植物，具有白色匍匐狀蔓生莖。長卵形葉片細小，常輪生在枝條上。單株株徑在 0.5 ～ 2 公分之間。台灣不常見開花。

◀黃金萬年草是個通稱，市場上產品的單株直徑大小各不同。因引入來源不可考，有可能是不同品種，或是栽培環境差異造成。

黃金萬年草
Sedum japonicum 'Aureum' / *Sedum sexangulare* 'Gold Digger'

單株直徑在 1.5 公分以上，為株形最大的品種，葉序呈六角狀排列，栽培時因枝條較長外觀較不緻密，在全日照環境下栽培，下位略有紅暈。

姬黃金萬年草（緻金）
Sedum japonicum 'Gold Dots'/ *Sedum japonicum* 'Tokyo Sun'

單株直徑最大約 1 公分左右，葉序緻密，株型小，在強光下葉序呈小球狀。

細葉萬年草
Sedum japonicum sp.

細葉萬年草為姬黃金萬年草的返綠植群。姬黃金萬年草因返祖現象，以返綠枝條栽培的品種。

▲ 姬黃金萬年草，因返祖現象，形成與細葉萬年草混生的植群。

Sedum 'Joyce Tulloch'
喬伊斯塔洛克

繁　殖 | 扦插

為景天屬的園藝雜交栽培種。中名由其栽培種名直接音譯而來；花市常簡稱為塔洛克。建議可於冬、春季剪取頂梢約 3～5 公分處，去除部分下位葉，待傷口乾燥後扦插。

▲光線充足時葉序較緊緻，株型較小。

形態特徵

　　為多年生半蔓性肉質草本，莖紅褐色，栽培於光線明亮處較易徒長，形成半蔓性姿態。光線充足時為短直立莖。卵圓形近匙狀葉輪生於莖節上；葉全緣，光滑具光澤；生長期間日夜溫差大時，葉呈鮮紅色。花期春、夏季之間，小花白色，花序開放在莖頂梢處。

▲光線充足、日夜溫差大時，葉呈鮮紅色，是少數景天屬中葉色會轉紅的植物。

▲栽培於光線明亮處的植栽葉色較綠且株型較大，葉背及葉緣處有紅彩。

Sedum 'Little Gem'
小玉

異　　名	× *Cremnosedum* 'Little Gem'
別　　名	特里爾寶石（中國）
繁　　殖	扦插

栽培種名 'Little Gem' 可譯成小寶石。台灣常用的中名沿用多肉植物愛好者希莉安等人對於本種的暱稱而來。部分資料常見將其歸納在景天屬內，以「栽培種」定位其分類位置。本種最早在 1981 年發表，由加州 San Jose 市的羅伯•格林夫婦 Mrs. and Mr. Robert Grim，以 *Cremnophila nutans* 和 *Sedum humifusum* 育成的屬間雜交品種。

▲小玉成株後易自基部生長側芽形成叢生狀姿態，日照充足時葉色紅潤。

形態特徵

多年生半蔓生肉質草本；老莖易木質化，成株會略成垂態。葉呈短披針形至卵圓形，葉呈綠色至暗紅或紫紅色；冬、春季溫差大、光照充足時葉色紅潤，葉片具光澤。葉序呈蓮座狀，葉片輪生或叢生於蔓生的莖節上；易自基部再生側芽形成叢生狀。花期為冬、春季之間，花梗極佳，簇生狀的總狀花序會開放在莖梢末端；星形黃色小花 5 瓣。

▲光線明亮處葉色較綠，葉基及葉背有局部暗紅色斑的表現。

▲花呈鮮黃色，相當搶眼燦爛。

Sedum 'Little Missy'
小酒窩

英 文 名	Little missy sedum
繁　　殖	扦插

英文俗稱 Little missy sedum，為帶有錦斑的
個體。中名沿用台灣花市俗稱，可能是形
容其葉片上呈微笑狀分布的腺點而來。台
灣花市販售的小酒窩是以返祖現象產生綠
葉枝條，再大量繁殖而來的品系。綠色品
系的小酒窩生長勢及適應性較具有錦斑的
品種為佳。

▲露天栽培時葉序緊密，葉緣處可觀察到腺
點分布，呈微笑狀排列。

▌形態特徵

　　多年生蔓性肉質草本植物，常見呈
地被狀生長。淺綠色的蔓性枝條易生側
芽。葉形與雨心相似，綠色的卵圓形葉對生，具紅褐色葉緣。原小酒窩為具錦斑品
種，在台灣另稱為小酒窩錦。

▲台灣稱的小酒窩，乃取錦斑品系返祖後的綠色枝條繁殖而來。

Sedum 'Little Missy'
小酒窩錦

學名共用 *Sedum* 'Little Missy'。白色錦斑在
冬季日夜溫差大時，錦斑處會轉成粉紅色
澤，觀賞性更高。

▲花市可見的 2.5 寸產品。

◀白色錦斑處在
冬季溫差大時轉
為粉紅色。

▲叢生的小酒窩錦，有一種浪漫的可愛。

Sedum makinoi

圓葉萬年草

異　　名	*Sedum makinoi* 'Limelight'
英文名	Makino stonecrop
別　　名	圓葉景天、圓葉佛甲草、丸葉佛甲草、丸葉萬年草、嬰兒景天
繁　　殖	扦插

原生種分布於日本及中國等地，常見生長在低海拔山谷的林下陰濕處。台灣流通的栽培品種極可能是 'Limelight' 葉色較淡綠的園藝選拔栽培種。萬年草這類地被植物對環境的適應性強，較能耐陰濕環境。在冬、春季生長期間，有時喜愛水的程度會超乎您對多肉植物的想像，因此生長期間可經常澆水。入夏後栽培管理同黃金萬年草一樣。開花時可剪除花序避免養分的浪費，增加植群本身養分條件有利於越夏。待秋涼後扦插以更新植群。

▲栽植在 3 寸盆中，蔓性的姿態很柔美。

▌形態特徵

　　為多年蔓性地被植物，具有紅褐色的蔓生莖，叢生時植群直徑可達 30 公分左右。圓形或卵圓形葉小型，葉末端略有突起，以十字對生於莖節上。花期春、夏季之間；花序由枝條頂梢開放，由黃綠色小花構成。在冬季日夜溫差大及光線充足時，葉片仍能維持淡綠色。

▲圓形葉片十字對生，在紅褐色的蔓生莖上。

Sedum makinoi 'Ogon'
黃金圓葉萬年草

英 文 名	Golden makino stonecrop
別　　名	黃金丸葉萬年草、嬰兒景天

應為圓葉萬年草的園藝選拔栽培種。

▌形態特徵

　　與圓葉萬年草一樣，但為葉色金黃的
園藝栽培種。

▲弱光或光線明亮環境下栽
培的黃金圓葉萬年草。

▲冬季全日照環境下栽培，又適逢日夜溫差
大時，葉緣及葉末端會有淡淡紅彩。

▲全日照環境栽培時株形緊密。

Sedum makinoi 'Variegata'
斑葉圓葉萬年草

別　　名｜覆輪丸葉萬年草、嬰兒景天

為圓葉萬年草的斑葉品種。

▌形態特徵

　　與圓葉萬年草一樣，為具有白色覆輪
的斑葉園藝栽培種。在冬季光照充足，日
溫差大時葉片不會轉色。

▲葉色多了白覆輪斑葉的變化，光線充足下
生長較為緻密。

◀光照明亮處植
株雖然較為鬆散
一些，但姿態更
加柔美。

Sedum mexicanum
松葉景天

異　　名	*Sedum lineare*
英 文 名	Mexican stoncrop
別　　名	松葉佛甲草、墨西哥佛甲草
繁　　殖	扦插

原產自北美洲及墨西哥一帶。耐旱性佳，但生長季時可充足給水，生長迅速。

形態特徵

　　多年生肉質草本植物，為極佳的地被植物。莖具蔓性常呈匍匐狀生長。短針狀或線狀披針形的肉質葉互生、輪生或叢生於枝條頂梢。花期集中在春、夏季間；星形的 5 瓣花，花金黃色，聚繖花序開放在枝條頂梢。

▲花期集中在春、夏季，進入花期時枝條抽長形成花序。

▲近年被推廣作為綠屋頂或綠牆的植物材料。

▲聚繖花序由金黃色的 5 瓣狀星狀花構成。

Sedum morganianum
玉綴

英 文 名	Burro's tail, Donkey tail
別　　名	玉串、玉珠簾
繁　　殖	扦插及葉插。扦插繁殖十分容易。

商業大量繁殖常見以取莖頂扦插為主；葉插亦
十分容易。

原產自墨西哥南部至南美洲宏都拉斯一帶。
性喜高濕及溫暖氣候，在台灣適應性良好，
常見在陽台上栽成一大片垂掛而下，形成綠
瀑狀姿態，是常見的吊缽植物，不論室內室
外皆可栽植。栽於室內時，宜選擇光線充足
環境為佳，並減少給水次數，避免徒長。

▲玉綴為居家常見的多肉植物。

▌形態特徵

　　為多年的肉質草本植物，莖長可達 60 公分以上，灰綠色或灰藍色的舟形肉質
葉片， 5 ～ 6 片輪生在莖節上，一串串的十分討喜。於老莖基部常見萌發新生枝
條。花期春、夏季，紅色的花開放在枝梢頂端。

▲在台灣適應良好，蔓生的莖會垂掛在盆
緣，適用於各類壁缽或吊掛的盆器栽培。

▲新玉綴葉片近觀，葉末端漸尖。

399

Sedum morganianum 'Buritto'
新玉綴

別　　名	小型玉珠簾
繁　　殖	扦插、葉插

為玉綴的變種，經園藝選拔栽培後成為一個新的栽培種。

形態特徵

　　與玉綴十分相似，但株型略微小型，莖長也較短些。葉形飽滿，趨近卵圓形，灰綠色的肉質葉片末端渾圓；玉綴的葉末端則漸尖。花期夏季，花形也略小，同樣開放在枝梢末端。

▲為園藝選拔種。新玉綴的葉序緊緻，葉末端渾圓。

▲新玉綴成株後亦能如玉綴般形成瀑布狀的綠簾，但長度會稍短一些。

▲為原生種。玉綴株形較大，葉序較鬆散，舟形的棒狀葉狹長，葉末端漸尖。

Sedum multiceps
小松綠

英 文 名	Baby Joshua tree, Dwarf joshua trees, Miniature joshua tree
別　　名	球松
繁　　殖	扦插

原產自非洲阿爾及利亞等地，常見生長在石灰岩地區。為景天屬中少數因莖幹木質化具樹型姿態的品種。十分耐旱耐熱，但卻怕冷，有霜凍的地區冬季栽種時應注意防寒措施。英文俗名常以 Joshua Tree 稱呼，與絲蘭屬的短葉尤加（*Yucca brevifolia*）外觀相似而得名。全日照至半日照及通風良好環境皆可生長。栽種時應使用排水良好的介質。冬、春季為生長期，卻可在夏季進行繁殖，可剪取一段段枝條靜置 3 ～ 5 天，待基部收口產生癒傷組織後再行扦插。

▲小松綠為少數景天屬中具灌木狀外觀的品種。

▌ 形態特徵

　　灰藍色的細棒狀葉片輪生或叢生在枝條頂梢，具有木質化莖幹，狀似迷你版的小松樹。花期春、夏季之間；金黃色星形 5 瓣花，偶見 6 瓣的花朵，單花或花序會開放於枝梢末端。

▲灰綠色或灰藍色的細棒狀葉片生長在枝條頂梢。

▶ 常見為 5 瓣花，偶見 6 瓣花；花序或單花開放在枝條頂梢。

Sedum pachyphyllum
乙女心

英 文 名	Silver jelly beans, Blue jelly beans, Succulents water plant, Many fingers
別　　名	嬰兒手指
繁　　殖	扦插、葉插

原產自墨西哥。乙女心應沿用自日本俗名而來，因其特殊的肉質圓柱狀葉，英名常以 Jelly beans 稱呼；亦有綴化品種。

夏、秋季休眠時不需經常澆水，根系對水分敏感，介質如過於潮濕或浸泡在水中易發生爛根（root rot sensitive）。

▲圓柱狀的葉外形狀似小小的指頭，更有 Many fingers 的英文俗名。

▌形態特徵

為多年生呈灌木狀的肉質草本植物。莖幹上易生氣生根，株高可達 30 公分。灰綠色或灰藍色圓柱狀葉片叢生或近輪生於莖頂，日夜溫差大及日照充足時，葉先端紅色會較為鮮明。花期春季，於枝梢頂端開黃色小花。

▲日夜溫差大時，葉末端的紅彩會更加鮮明。

▲花市常見以莖頂扦插，生產單株或 3 株一盆的商品。

Sedum palmeri
薄化妝

| 英 文 名 | Palm stonecrop, Palmer's sedum |
| 繁　　殖 | 不易葉插,以頂芽扦插為主。 |

分布於墨西哥及北美洲一帶,常見生長在岩石縫隙上。

▲葉片生長方式、姿態和銀鱗草屬的各類法師相似,但卻是景天屬的植物。

▎形態特徵

　　外觀及葉序生長的方式與景天屬大不同,較類似銀鱗草屬(豔姿屬),如夕映、黑法師那類的株型,具有明顯的短直立莖,株高可達 30 ～ 40 公分。灰綠色葉片叢生在枝條末端。冬、春季生長期若日照充足、日夜溫差大時,匙圓形葉片末端會有紅色斑暈。植物冬、春季開花,金黃色 5 瓣花,花序自植株頂梢開放。

薄化妝錦 *Sedum palmeri* 'Vareigata'
由洪通瑩先生園內枝條變異(枝變)產生的栽培品種。

▲花序頂開,黃色小花,花瓣數 5。

景天屬

403

Sedum reflexum
逆弁慶草

英 文 名	Reflexed stonecrop, Jenny's stonecrop, Blue stonecrop
別 名	塔松、反曲景天
繁 殖	扦插

中名沿用日本俗名而來。廣泛分布在歐洲地區。另有常見葉色偏藍，枝葉形態較為碩大的栽培品種 'Blue Spruce '，但在台灣種源無法考據比對，僅以其原種學名標註。本種原產自歐洲緯度較高地區，在越夏時需注意，移置通風陰涼處以利越夏。

▲光線明亮處生長的形態，枝葉較鬆散，葉片間隙較大。

▌形態特徵

　　為多年生半蔓性肉質草本。株高約10公分，莖基部易萌發新芽；成株植群呈地被狀覆蓋在地表上。葉呈銀灰色或藍灰色，外觀與台灣常見的薄雪草相似但株形較大，輪生的葉片末端漸尖，葉呈反折狀或微彎曲狀，葉序排列狀似杉樹。英文俗名以 Reflexed stonecrop 稱之，直接音譯英名稱為反曲景天，形容其特殊的葉形。花期春、夏季之間，淺綠色或淡黃色的花序開放在枝條頂梢。

▲露天栽培全日照環境下，枝條短、葉片間隙緻密。

Sedum rubens
魯賓斯

繁　殖│葉插、扦插

台灣常見中名係以種名音譯而來。本種學名於中、日、韓以 *Sedum rubens* 標註，本書沿用該學名，但極可能有誤植現象，因以學名搜尋及比對圖片後，部分國外資料顯示之圖片不同；但也可能是本種在不同地區生長外觀及形態有所差距；也可能是由 *Sedum rubes* 族群中選拔出來的栽培種，但相關資料已無法考據。植物品種形態鑑定最恰當的方式要比對花朵細節構造才能確認。台灣栽培的魯賓斯種源極可能自日本引入。對台灣平地氣候適應佳，較耳墜草更易栽培。

▲每年秋涼後可剪取頂芽重新扦插，矮化或更新植群。

▌形態特徵

多年生蔓性肉質草本，外觀與耳墜草極為相似。相較於耳墜草，其葉色呈黃綠至翠綠色。莖易徒長呈蔓生現象。冬季日照充足、溫差大時，葉光滑無毛，葉色偏黃或帶紅暈，末端偶有紅暈，卻不似耳墜草全株葉色轉紅。葉末端漸尖，不似耳墜草末端會較渾圓；葉片易脫落，在台灣不易觀察到花開；花期多、春季之間，花白色。

▲魯賓斯葉呈黃綠色至翠綠色，葉片具光澤感，像是青綠色的耳墜草。

Sedum rubrotinctum
耳墜草

異　名	*Sedum × rubrotinctum*	
英文名	Jelly beans, Pork and beans	
別　名	虹之玉	
繁　殖	常見大量繁殖時以莖頂扦插為主，亦可葉插。	

又名虹之玉，應沿用日文俗名而來；原產自墨西哥。異學名中表示，在分類上將其歸納為雜交種，由乙女心 *Sedum pachyphyllum* 與玉葉 *Sedum stahlii* 雜交的後代。對環境適應性佳，在台灣平地亦能越夏。台灣平地冬季缺少明顯的日夜溫差及充足的光線，常轉色不全，僅葉末端轉為紅色，具紅色暈斑。台灣中高海拔栽植或日本等高緯度國家所栽種的耳墜草，全株葉色常能轉色完全，植株近 2／3 能有鮮紅色或近乎血色的表現。

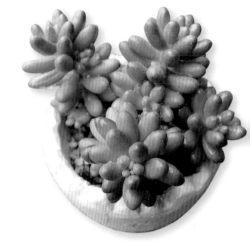

▲台灣平地栽培，光線充足時植株緊密，但葉色常呈翠綠色。

形態特徵

為多年生的肉質草本植物，具短直立莖或近長莖，深褐色的枝條易生不定根。翠綠色近短棒狀葉片具光澤，以叢生或輪生方式著生在莖節上，冬季光照充足、溫差大時，全株葉色會轉為鮮紅色。葉片易脫落，掉落後的葉片易自基部發芽再生。花期春、夏季之間，鮮黃色的花序開放在枝條頂梢，但台灣平地較不常見開花。部分資料提到耳墜草有毒，澆水接觸時要小心，也要避免誤食，以免引發刺激或不適感。

▲短棒狀葉子與雷根糖 Jelly beans 的外觀相似，英文俗名也以 Jelly beans 稱之。

Sedum rubrotinctum 'Vareigata'
耳墜草錦

別　　名｜虹之玉錦

為耳墜草的錦斑變異個體。平地栽培時錦斑
表現穩定，栽培時應置於光照充足環境，配
合限水處理，能維持良好株型及錦斑葉色表
現。

▲透過限水，耳墜草錦的株
型與外觀有較佳的表現。

小紅莓 *Sedum rubrotinctum* 'Redberry'
為耳墜草的小型選拔種，狀似迷你型的耳墜草。

◀市售的虹之玉
錦盆栽，為常見
又平價的錦斑多
肉植物之一。

407

Sedum sarmentosum
蔓萬年草

英 文 名	Creeping sdeum, Stringy stonecrop
別 名	垂盆草、豆瓣菜、狗牙瓣、石頭菜、爬景天、臥莖景天
繁 殖	扦插

原分布於日本、朝鮮以及中國，常生長在海拔 500 ～ 1600 公尺山坡向陽處及岩石地環境。對環境的適應性佳，雖然耐旱但也喜好潮濕及水分，可每週給水一次。耐蔭性也佳，可栽植於室內光線明亮處，或用做吊盆栽培，近年台灣花市以垂盆草之名，作為 3 寸盆的觀葉植物生產栽培。

▲ 光線充足及限水條件下株型較緻密，心部葉片會略向生長點包覆。

▌形態特徵

多年生肉質草本，淡綠色的莖纖細，具匍匐性，莖節上易生不定根，近地面部分容易生根。倒披針形至長圓形葉片，以 3 片輪生於莖節上。花期春、夏季，花序自莖頂抽出，聚繖花序由鮮黃色小花構成。

▲ 栽植於庭園內，地植後枝條垂掛於盆緣的樣子。

▲ 地植後水分充足，姿態較鬆散，葉色翠綠。

Sedum sediforme
千佛手

別　　名	王玉珠簾、菊丸
繁　　殖	扦插、葉插

台灣花市稱本種為千佛手。其學名及中名沿用中國慣用之學名及俗名而來。

▲生長良好時葉形會產生變化。

▌形態特徵

　　為多年生肉質草本植物。外觀與玉綴及靜夜玉綴相似，差異在葉色較為翠綠，生長良好時頂梢葉片會發生變化，葉幅變寬，葉長變短，由長串狀的外形變成擬石蓮屬蓮座狀葉序的外觀。株形與靜夜玉綴相似，因較玉綴大，另有中文俗名以王玉珠簾稱之。

▲千佛手的葉色較為翠綠。

▲常見市售千佛手盆栽。

Sedum sp.
凹葉景天

繁　殖 | 扦插

台灣花市栽培的品種，引種來源已不可考據，學名已無法確認，但本種葉片末端具內凹特徵，常稱其為凹葉景天或凹葉萬年草。應與中國低海拔山區陰濕處生長的凹葉景天 *Sedum emarginatum* 為不同種。

▌形態特徵

　　為多年生地被狀肉質草本。圓形葉末端內凹，狀如心形葉片，以十字對生於蔓生枝條上。春、夏季間會開花，金黃色的花呈聚繖花序開放在枝條末端；花後生長變弱。若為保持較佳的生長勢可去除花序，以維持植株較佳的生長勢，於秋、冬季再重新扦插更新植群。

▲卵圓形的葉末端內凹，狀似心形葉，葉質地厚實具光澤感。

▲葉片以十字對生著生在蔓性枝條上，易匍匐生長形成地被狀姿態。

▲冬季日夜溫差大及日照充足時，凹葉景天葉片也會有轉色現象。

Sedum sp.
雀利

異　　名	*Sedum kimnachii*
繁　　殖	扦插

台灣花市中文名稱為雀利。雀利與萬年草、佛甲草同樣都是景天屬植物通用的中文俗名。本種相關學名資料已無從考據。常誤標成原產自歐洲的銳葉景天 *Sedum acre* 學名。銳葉景天對生的三角形肉質小葉，外形與柏樹葉片相似，與台灣花市的雀利不同。

▲栽植於光線較明亮環境，葉形呈長匙狀，葉色較綠。

▌形態特徵

　　多年生蔓性肉質草本，綠白色的蔓生莖有明顯葉痕。光線明亮處葉色翠綠；光線充足時葉色偏黃。葉形由長匙狀至卵圓形都有；葉末端略有突起；常見以三葉輪生方式著生在蔓生莖上。花期夏季，自莖頂端抽出聚繖花序；為 5 瓣金黃色小花。

▲花期夏季，部分枝條會形成花序，自頂端抽花綻放。

▲栽培多年後的雀利會有明顯的蔓生老莖，在台灣適應性極佳。

411

Sedum sp.
玫瑰雀利

異　　名	*Sedum palmeri* 'Compressum'
別　　名	玫瑰景天
繁　　殖	扦插

容易與雀利混淆，學名相關背景資料也已無
從考據。兩者外觀有些近似，尤其是在光線
充足下栽培更為相似，常發生混淆。

▌形態特徵

　　多年生蔓性肉質草本，蔓生莖會褐化
且較為纖細。光線明亮處葉色翠綠；光線
充足時葉片會帶有紅彩。玫瑰雀利為披針
形葉，葉末端有較明顯突起；葉輪生或叢
生在蔓生莖上；新葉會向心部包覆，狀似
含苞的玫瑰花蕾。

▲玫瑰雀葉片末端或葉緣
處有紅彩。

▲雀利葉色翠綠；新葉則無向心部包覆的現
象，而是整片葉微向上生長。

▲全日照下玫瑰雀利帶有紅
彩的葉色相當美觀。

Sedum sp.
圓葉耳墜草

繁　殖｜扦插

學名來源已無法考據，極可能是以耳墜草為
親本，經由人為選育出的栽培品種。中文名
沿用台灣俗稱，本種對台灣氣候適應性佳，
在花市常見作為 3 寸盆栽販售。

形態特徵

　　多年生半蔓性肉質草本，常見呈短直
立狀。外觀與耳墜草相似，但株形較爲大
型，橄欖綠的圓形或卵圓形葉互生在莖節
上，葉序狀似輪生。光線充足及溫差大時
葉色表現較佳，略有暗紅色調表現。台灣
並不易觀察到開花的現象。

▲常見由 4 ～ 5 枝頂芽扦插而成的圓葉耳墜
草小盆栽。

◀圓形或卵圓狀
肉質葉形成蓮座
狀葉序。

Sedum spurium 'Dragon's Blood'
龍血

| 繁　殖 | 以扦插繁殖為主，冬、春季為繁殖適期。 |

原產自歐洲高加索地區。台灣中名以其栽培種名直譯而來，說明本種近乎血色般的葉色，為景天屬中少見葉色鮮紅的園藝栽培種。在中國通用俗名稱為小球玫瑰，可能形容其葉序狀似含苞紅玫瑰而來。台灣夏季炎熱，本種會生長停頓或進入休眠，應移至通風陰涼處越夏，秋涼後更換介質，進行強剪及扦插等方式更新植群。

▌形態特徵

為多年生蔓性肉質草本。細長的紅色莖呈匍匐狀生長。圓形葉有短柄，具波浪狀緣；葉對生於莖節上。光線充足時，葉色會轉綠或變淡，本種生長期間，可栽培在露天環境下，葉色血紅。花期春、夏季之間，花序開放在枝梢末端，花粉紅色成簇開放，極具觀賞價值，可惜台灣地區氣候條件不易見到開花的榮景。

▲龍血為葉色血紅的蔓性草本，進行組盆時為良好的裝飾性材料，具有極佳的點睛效果。

▲連日陰雨的環境下，露天栽培的龍血葉色開始轉綠。

Sedum spurium 'Tricolor'
三色葉

別　名｜三色景天、三色草

為 *Sedum spurium* 經人為選拔，固定錦斑變
異的栽培品種。

▶為白色覆輪的錦斑
選拔栽培種。

▲三色葉於生長期日夜溫差大及限光與強光等條件下，白色錦斑色呈現粉紅的色調。

415

Sedum stahlii
玉葉

英 文 名	Coral bells, Mexican sedum
別 名	珊瑚珠
繁 殖	扦插、葉插

景天屬

原產自墨西哥北部山區海拔 2100 ～ 2400 公
尺的霧林帶地區，常見生長在石灰岩壁或岩
屑地緩坡上；喜好近性或略偏鹼性環境。
在原生地與寶珠 *Sedum dendroideum, Sedum
hemsleyanum* 和松綠（丸葉松綠）*Sedum
lucidum* 混生。本種生長緩慢，極耐旱，只
要栽培環境的光線條件恰當，不發生徒長前
提下栽培管理容易。

▲玉葉的葉片上具毛狀附屬物。

形態特徵

多年生蔓生肉質草本，株高約 5 ～ 25 公分，常見呈地被狀生長。綠色至暗紅
色的卵圓形或短棒狀小葉，對生或偶互生於莖節上。葉片上有短毛狀附屬物；葉片
易脫落。花期於春、夏季之間，小花黃綠色，花瓣 5，偶見 4 或 6 瓣花。

◀玉葉為景天屬
中少數葉對生的
品種。

Sedum stahlii 'Variegata'
玉葉錦

為枝條變異而來的錦斑品種，因受錦斑變異
緣故，葉色呈現亮麗的粉紅色。生長上較為
弱勢，栽培時應注意栽植環境的條件。

▲受錦斑變異影響，全株連莖部都呈現粉紅
色調。

▲玉葉葉插小苗生長的情形。以葉插大量繁
殖的再生條件下，較容易選拔百萬分之一或
千萬分之一到出錦或其他變異的個體。

◀以頂芽或頂梢枝
條扦插的二寸盆產
品。在環境良好的
苗圃內，因為玉葉
品種特性，枝條略
有徒長。

Sedum tetractinum 'Coral Reef'
四芒景天

英 文 名	Chinese sedum
別　　名	中國萬年草
繁　　殖	扦插

為中國的特有植物。主要分布於中國安徽、江西、貴州、浙江、廣東等地海拔 700～1000 公尺山區，喜好生長在溪流附近，較親水的岩石隙縫間。花市常見品種的引入資料已無法考據。英文俗名稱為 Chinese sedum，譯自中國萬年草或中國佛甲草。在台灣栽培並不困難，但越夏時仍要注意通風及移至陰涼處，越夏後再重新扦插繁殖。

▲台灣花市常稱為高加索景天，應該源自中國特有種四芒景天的園藝栽培種－珊瑚礁 'Coral Reef'。

▌形態特徵

　　為多年生蔓性草本植物，寬卵圓形至卵圓形葉以對生或十字對生在紅褐色的蔓生莖節上。葉片有皮革質地；下位葉片較圓。花期夏季，5 瓣狀的星形小花呈白色至淡粉色，但台灣環境不常見開花。

▲新葉與圓葉萬年草相似，但葉形較大，且下位葉呈寬卵圓形。

▲與凹葉景天混生的情形。種名字根 tetra 為「四」的意思，形容本種葉片十字對生。

Sedum versadense f. *chontalense*
毛小玉

異　　名	*Sedum chontalense*
別　　名	薄毛萬年草、春之奇蹟
繁　　殖	扦插

在 ICN 資料上，常見毛小玉學名以
Sedum versadense 中的一個型 forma 或
變種 Variety 表示，之後直接提升成為一
個種並以 *Sedum chontalense* 標示，因此以
異學名方式共列。原產自墨西哥，1911 年
由 Versadense C.H. Thompson 先生發表，原
種名乃為紀念發現者。

▲毛小玉全株有毛，與小玉外
觀相似，台灣俗稱毛小玉。

▌形態特徵

　　多年生蔓性肉質草本，蔓生莖呈紅褐色。全株具絨毛，葉形變化大，倒卵圓形、
匙形或呈截形葉都有，互生；葉緣或葉背處帶有紅褐色澤。頂生的聚繖花序下垂，
苞片大而突出，狀似花枝上的葉片，白色小花 5 瓣。

▲蔓生的毛小玉會長成地被狀，葉緣及葉背
呈鮮明的紅褐色。

▲毛小玉的花序會下垂，苞片大和花序上的
小葉相似。

419

× *Sedeveria* 'Blue Mist'
紫麗殿

異　　名	× *Pachyveria* 'Blue Mist'
繁　　殖	扦插

中名以台灣常用中名表示。就 International Crassulaceae Networ 資料上指出，本種常誤以厚葉草屬與擬石蓮屬的屬間雜交種 ×*Pachyveria*，或直接以厚葉草屬 *Pachyphytum* 表示。就外部形態及花序比對，應歸納在景天屬與擬石蓮屬的屬間雜交種 × *Sedeveria*。栽培種名 'Blue Mist' 可譯為藍霧，1978 年由 Charles Uhl 先生以 *Sedum craigii*（U1206）× *Echeveria* cf. *affinis* 育成。為台灣花市常見的品種，栽培管理及越夏容易。

▲栽培管理容易，紫麗殿是台灣花市商品。

形態特徵

有短莖，為中大型種，株徑可達 10 ～ 15 公分。紫黑色長匙狀或近棒狀葉片近輪生於短莖上。葉全緣尾尖不明顯，全株覆有薄白粉。花期春、夏季，花序會分枝，花橘紅色。另有錦斑品種紫麗殿錦 × *Sedeveria* 'Blue Mist' *variegata*；生長緩慢，為黃斑的變異品種，於葉片上會出現黃色、綠色及紫色等色澤變化。

▲叢生狀的紫麗殿，栽培良好時葉片會呈狀似葡萄般的紫黑色。

◀紫麗殿錦，葉片為黃色葉斑的變化。

× *Sedeveria* 'Harry Butterfield'
靜夜玉綴

異　名	*Sedeveria* 'Harry Butterfield'
英文名	Super donkey tail, Giant burro's tail
繁　殖	扦插、葉插

由景天屬的玉綴與擬石蓮屬的靜夜（*Sedum morganianum* × *Echeveria derenbergii*）　雜交選拔出來的後代，學名以 × *Sedeveria* 表示。整體植株外觀與玉綴相似，但葉片及株形都較大，葉序的排列也較為緻密。英名以 Super Donkey Tail 或 Daint Burro's Tail 稱之，形容其與親本玉綴在外觀上的差異。

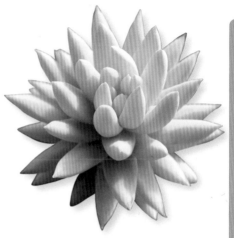

▲葉銀灰色至灰綠色，葉片覆有白色粉末。

▍形態特徵

　　除了株形較巨大外，靜夜玉綴的成株在陽光充足環境下末端會出現紅色斑；但玉綴不會。葉呈灰綠色至銀灰色，全株覆有白色粉末，株型較為緻密。同樣可長成懸垂狀姿態，枝條長度較玉綴短。花期集中在冬、春季；花為淡紅色，開放在枝條末端。

▲靜夜玉綴的花色較淡，偏淡粉紅色，聚繖花序開放在枝條末端。

▲陽光充足時葉片末端會出現暈狀的紅色斑。

▶靜夜玉綴（下方）與
千佛手 *Sedum sediforme*
（上方）在外觀上十分
相似，但葉色不同，千
佛手葉色較翠綠。

▼千佛手（左）靜夜玉綴（右）
千佛手在生長良好時，末端的
葉片會變的較寬一些。

× *Sedeveria* 'Letizia'
綠焰

異　　名	*Sedeveria* 'Letizia'
英 文 名	Lety's sedeveria
繁　　殖	扦插

綠焰由 *Sedum cuspidatum* × *Echeveria setosa* var. *ciliata* 雜交而來；由英國人 Fred Wass 先生育成。栽培種名 'Letizia' 可譯成萊蒂齊亞，為女性名；但中名沿用台灣中文俗名而來。

▲日照充足、日夜溫差大及限水的植株，鮮紅色葉緣的表現較佳。

▌形態特徵

　　為多年生肉質草本或小灌木，株高約 20 公分，分枝性佳，老莖上葉片常脫落，老株常見小灌木狀。淺綠色的卵圓形葉互生，具光澤感；葉緣具短毛，中肋微微突起形成龍骨構造；葉末端有尾尖。在日照充足及日夜溫差大和限水栽培條件下，鮮紅色的葉緣表現較佳，但平地栽植時鮮紅色的葉緣表現較差。聚繖花序於頂芽側方抽出，5 瓣小花，花白色。

▲平地栽植時因光照及溫差較不明顯，葉色表現較不鮮明。

▲綠焰開花的樣子。

× *Sedeveria* 'Pink Ruby'

紅寶石

異　名	× *Sedeveria* 'Pink Ruby'
繁　殖	扦插

中名以台灣常用俗名而來，栽培種名為 'Pink Ruby'。為近年引入的栽培品種，部分台灣資料常將其歸納在擬石蓮屬 *Echeveria* 的栽培種，但本種具長莖或略半蔓性的莖，葉片細長，與具短直立莖或莖不明顯的擬石蓮屬主要外觀特徵不同。

▌形態特徵

單株直徑 5 ～ 8 公分，莖直立或略半蔓性，但因生長緩慢，莖的外觀於老株較明顯，易自基部增生側芽，呈群生姿態。厚實的長匙狀葉末端肥厚，輪生於莖節上，蓮座狀葉序包覆緊密；葉全緣具紅色尾尖，質地非常光滑。

▲紅寶石群生的姿態，日夜溫差大及日照充足時葉色表現較佳。

◀叢生狀的紅寶石，為近年引入的屬間雜交種。

× *Sedeveria* 'Rolly'
蠟牡丹

| 異　　名 | *Sedeveria* 'Rolly' |

應為景天屬與擬石蓮屬的屬間雜交品種。部分資料常以 Echeveria nuda 標註本種。引種資訊無法考據；部分資料說明可能由 Sedum cuspidatum 與東雲雜交選拔出來的栽培種。為中小型種，特殊黃綠色的葉，質地厚實具光澤。葉全緣，具有淡紅色葉緣及紅色尾尖。

▲本種易產生側芽，常見形成叢生狀的姿態。

▲不同環境條件下，栽培的蠟牡丹。

× *Sedeveria* 'Silver Frost'
樹冰

異　名	*Sedeveria* 'Silver Frost'
繁　殖	扦插

親本已不可考。就外形來看，極可能與靜夜玉綴一樣，以玉綴為親本雜交後選拔出來的後代。

▌形態特徵

株形與靜夜玉綴及玉綴相似，但生長較為緩慢，全株如其栽培種名 Silver Frost 一樣，具有銀白色外觀。葉形較玉綴短，葉序生長緻密；生長期陽光充足及日夜溫差較大時，葉末端具紅色尾尖。

▲生長期間，光線充足、日夜溫差較大時，葉末端尾尖處泛紅。

◀株形較小且葉序緻密，全株泛銀白色光澤。

× *Sedeveria* 'Whitestone Crop'
白石

異　　名	*Sedeveria* 'Whitestone Crop'
別　　名	赤豆、紅豆、姬黃麗、赤石
繁　　殖	葉插、扦插

為玉葉 *Sedum stahlii* 及迷你蓮 *Echeveria prolifica* 的交配種。中文名沿用其栽培種名 'Whitestone crop' 的英譯而來；在沿用日本及其他地區通用俗名，還有赤豆、紅豆及姬黃麗等別稱。

▌形態特徵

外觀綜合了親本的特徵，但這一大類的品種或種間雜交種整體外觀都與耳墜草相似。白石兼具了玉葉長莖及葉片在強光及溫差大條件下會轉色的特徵。整體株形、葉形及葉序的排列，也有迷你蓮的影子。多年生蔓性肉質草本，莖短直立生長。短棒狀近披針形的肉質小葉輪生在莖節上；葉呈白色或黃綠色，若日照充足及溫差大時葉色會轉紅，株型矮小緻密。

▲秋涼後重新扦插的植株照。可觀察到在不同枝條上剪取下來的頂芽，葉色由淺綠偏白至紅色的變化。

▶白石其實一點也不白，光線充足時較常呈現帶紅暈的葉色。

× *Sedeveria* 'Yellow Rose'
黃玫瑰

▲植群矮小，株高常不超過 3 公分。

異　　名	× *Sedeveria* sp.
繁　　殖	扦插、分株

中名與學名暫用台灣詰雅花卉農園標示之學名；若以此學名查詢的相關資料不多，仍待考據。本種另有中名以萌黃匂 × *Sedum greggii* 表示，外觀與花色都有明顯不同。花期會抽出具開花能力的繁殖枝（芽），抽高形成花序開花。不具開花能力的營養生長枝，則株形矮小。

▍形態特徵

多年生肉質草本。單株直徑約 1 ～ 1.5 公分，株高常保持在 3 公分以下。淺綠色的卵圓形或短匙狀葉，互生形成蓮狀座葉序。葉片具光澤，葉緣及葉背中肋處有明顯稜線，於莖節基部易形成側芽，常呈叢生狀生長。花期在冬、春季之間，花期時具繁殖能力的芽會抽高，長約 10 ～ 15 公分，形成花序。小花白色，具特殊氣味。

▲白色小花具特殊氣味。

▲葉片排列緊密，蓮座狀葉序狀似玫瑰花。

景天屬與擬石蓮屬的屬間雜交種

卷絹屬

Sempervivum

　　屬名源自拉丁文，其語意為 always living，有長生不死的意思。台灣慣用日文分類上的屬名，稱為卷絹屬；中國將本屬稱為長生草屬。與瓦蓮屬為近緣種，瓦蓮屬多分布摩洛哥至亞洲及喜馬拉雅山區。

　　英文俗名常以 Houseleeks, Hens and chicks 統稱這屬的植物。分布於歐洲中部、南部及高加索山區至地中海島嶼等地，常見棲地為海拔 1000 ～ 2500 公尺的高山環境，為典型的高山多肉植物 alpine succulents。原種大約 50 種，但有將近 3000 多種栽培品種。在歐洲常用於岩石花園、壁面及屋頂的綠美化使用。在歐洲古代認為屋頂上栽植卷絹屬植物能增加屋頂的強度，讓居住的人世代繁榮，相信卷絹尖尖的葉子能放電以減少雷擊的可能，更相信這類植物具防止風災及巫術等民俗用途。近代卷絹屬多肉植物被開發作為極佳的綠屋頂植材，用於現代綠屋設計當中。古代的歐洲人也相信卷絹植物的汁液，可用來治療各類皮膚病及燒燙傷等用途；古羅馬也利用卷絹的汁液作為天然的殺蟲劑，防治作物的害蟲。

▲花市常見的大型卷絹品種 —— 觀音蓮卷絹。

▲香港花市利用特殊的植物生長劑，創造出帶有錦斑變化的卷絹盆花商品。（王茵芸/攝）

▲葉末端具毛狀附屬物；母株側方增生側芽，形成叢生外觀。

▲卷絹綴化的個體。

外形特徵

　　多為小型種，大型的品種株徑大約 10 ～ 12 公分，常見株徑 5 ～ 6 公分以下品種。莖短縮不明顯，三角形或長卵圓形的葉小型具肉質，葉緣及尾尖尖端上常著生毛狀附屬物。部分品種葉面具蠟質，有光澤，有些品種則不具光澤。單株葉序叢生呈現圓形蓮座狀外觀。葉色多變，視品種不同有綠、紅、黃、褐等顏色變化，光照充足時葉色表現較佳。成株後易自基部產生走莖或側芽，形成叢生植群，而得名 Hens and chicks（母雞帶小雞的意思）。部分品種葉緣上的毛狀附屬物，於緊密的葉序形成蛛網，讓叢生的植群帶有銀白色外觀，十分討喜。花期春、夏季之間，部分側芽頂

端會形成花序，於莖頂抽出長花序，星形花，花瓣數約 8 ～ 16 片。花色以紅色及粉紅色為主，部分花黃色，

花瓣中肋會有暗紅色的縱帶花紋。

▲紅色、粉紅色為卷絹的主要花色；花瓣數為 8 ～ 16 之間。（陳雅婷／攝）

▲卷絹屬植物葉緣的毛狀物，會形成類似蛛網纏繞在葉叢上的效果。（陳雅婷／攝）

▲黃花品種，花瓣中肋具紅色縱帶花紋。（陳雅婷／攝）

▲卷絹為頂生花序，花期部分側芽莖頂形成花芽；台灣並不容易觀察到開花的現象。

栽培管理

卷絹屬植物多分布於歐洲高山地區，喜好冷涼的氣候環境，春、夏季為主要生長期。在台灣花市流通的種類不多，栽培管理並不難，本種耐旱，能生長在薄層介質中。夏季栽培時，建議可利用較小的盆器栽植，並移到通風處營造涼爽的微環境，多半能夠越夏成功。

繁殖方式

以側生的小芽進行分株或取下來扦插繁殖。播種則需注意，播種後要以類似層積法的方式進行，並放置於 4℃環境下數週才能促進發芽。在歐洲則以冬天播種為佳，利用自然的低溫促進發芽。

Sempervivum arachnoideum sp.
蛛毛卷絹

英 文 名	Cobweb houseleek
繁　　殖	分株

種名 arachnoideum 字意為像蛛網或網狀的毛之意；英名也以 Cobweb 蛛網為流通，台灣中文俗名譯為蛛毛卷絹。因引種訊息不詳，無法確認本種為蛛毛卷絹中的哪一個栽培種，暫以 sp. 表示。

▲台灣常見的蛛毛卷絹葉色翠綠。

▍形態特徵

　　莖短縮不明顯，單株直徑 3 ～ 5 公分。翠綠色的三角形或長卵圓形葉、小型（國外具紅葉特徵的栽培種），叢生於短縮莖上，葉緣及葉末端尾尖有白色毛狀附屬物；台灣不容易觀察到花開。

▲在心葉處的葉末端具毛狀附屬物形成類似蛛網的結構。

▲加拿大花市的蛛毛卷絹，為具紅葉變化的栽培種。（陳雅婷／攝）

Sempervivum 'Donna Rose'
唐娜玫瑰

繁　殖	分株

為園藝栽培選拔種。中名以其英文栽培種名 'Donna Rose' 翻譯而來。

形態特徵

莖短縮不明顯，株徑可達 5 ～ 8 公分。酒紅色或紫紅色葉呈三角形或長卵圓形，葉緣及葉末端具尾尖，但毛狀附屬物不明顯。台灣不常見到花開。

▲酒紅色的唐娜玫瑰因暗紅色的葉序堆疊，外觀討喜。

◀葉緣及葉末端尾尖處具些微毛狀物。

Sempervivum 'Fimbriatum'
觀音蓮

異　名	*Sempervivum fimbriatum*
英文名	Fringed houseleek
繁　殖	分株

本種因適應性強、生長迅速，為台灣花市最常見的品種。中名以台灣花市常用中文俗名稱為觀音蓮或觀音蓮卷絹。中國又名佛座蓮，形容其葉序狀似蓮花座一般。因引種資料已無法考據，學名以台灣常用的 *Sempervivum* 'Fimbriatum' 表示。

▍形態特徵

為中大型種，株徑可達 10 公分以上。長卵形葉著生於短縮莖上，葉叢呈輪生，狀似蓮座狀排列，葉末端具暗紅色葉緣及尾尖；葉緣具短毛但不明顯。台灣不常見到開花。

▲日夜溫差大及光照充足時紅色葉緣明顯。

▲觀音蓮易自基部產生大量走莖及側芽。

▲花市常見觀音蓮的三寸盆植栽。

Sempervivum 'Oomurasakihai'
大紫盃

繁　殖｜分株

中名沿用日本俗名。近年台灣業者引自日本
卷絹栽培品種，進行馴化栽培。

▌形態特徵

　　單株直徑可達 5 ～ 8 公分，特徵在心
葉轉色具紫紅色特徵。長卵圓形葉較大型
且葉末端漸尖，看似具有長尾尖，葉緣及
葉末端有疏毛。

▲ 葉緣及葉末端有疏毛；
單株狀，側芽增生較少。

◀大紫盃心部帶有紫
紅的葉色。

卷絹屬

Sempervivum ossetiense 'Odeity'
百惠

卷絹屬

異	名	*Sempervivum ossetiense*
繁	殖	分株

中文名沿用日文俗名而來，就學名來看為 *Sempervivum ossetiense* 族群中選拔，為葉片反捲成管狀葉的栽培種。

▲百惠石化品種。

形態特徵

單株的株徑可達 5 ～ 8 公分；莖短縮不明顯。葉呈長卵圓形反捲，形成管狀葉，具尾尖；葉末端管狀處具紅色葉緣及疏毛狀的附屬物。另有綴化品種，生長點呈條帶狀，使株形呈現扇形狀。石化品種，葉片質地變厚，由管狀的葉片轉成丹錐狀，葉面類似有窗的構造，具疏毛。

▲百惠叢生的樣子。

▲百惠綴化品種。

Sempervivum sp.

卷絹

繁　殖 ｜ 分株

台灣花市將這類綠色小型的品種稱為卷絹，因缺乏引種資訊及學名難以考據，暫以 sp. 表示。

▌形態特徵

　　單株株徑約 3 〜 5 公分，莖短縮不明顯，易生側芽。三角形或卵圓形葉叢生於莖節上，葉緣及葉末端尾尖處具疏毛。

▲葉序堆疊狀似小型的蓮花座。

卷絹屬

▲冬、春季的卷絹生長旺盛。

▲台灣入夏的卷絹，下位葉開始褐化。於天涼或入冬時，可換盆及新植，以利新生側芽再生。

中國景天屬

Sinocrassula

又名石蓮屬及立田鳳屬。特指原產自中國的景天科植物。屬名字根 'Sino' 字意為中國的、中國原產的；'crassula-' 字意為景天科植物。本屬植物原產於中國南部至緬甸北部等地，海拔 2500 ～ 2700 公尺山區。

外形特徵

匙狀葉或倒三角形葉呈褐色至綠色，互生，叢生狀植群株高可達 20 公分。有時植群中易發生石化（monstrous forms）現象。花期多在夏季，圓錐花序約 10 ～ 15 公分；部分側芽會形成開花條枝，頂生花序於開花枝條頂梢開放；花瓣末端常有斑點。

栽培管理

栽植時，需注意使用排水良好的介質，應放置在光線充足至明亮處栽培為佳。台灣常見的品種不多，主要以泗馬路、印地卡及龍田鳳較常見。

繁殖方式

台灣花市常見流通的中國景天屬多肉植物，適用葉插及分株方式繁殖。繁殖適期以冬、春季生長季進行為佳。但進行葉插時，摘取的葉片應小心自母本上取下，保留完整的葉基處，葉片平置於乾淨微潮濕的介質上，於光線明亮下栽培。於生長適期約 2 ～ 3 週開始發根，葉基處會再生小苗。待小苗長成完整植株個體後，可移植至小盆內定植或育苗。

分株換盆示範：

1. 於前一年秋涼後，進行印地卡葉插，置於三寸盆上，經 5 ～ 6 個月後再生的小苗。

2. 將小苗依續取出，儘量保有完整的根系（可略帶介質）。

3. 依小苗大小定植於 2 ～ 3 寸盆內，進行初期的育苗。

4. 定植完成圖。於入夏前完成小盆栽植的方式，有利於越夏。

Sinocrassula densirosulata

龍田鳳

繁　殖 ｜ 葉插、分株

於中國植物誌 Flora of China 中，登錄中名為密葉石蓮。原生在雲南東川至四川會理及康定一帶，常見生長在河邊濕地的壁面上。

▍形態特徵

　　多年生的肉質草本，株徑約 4 ～ 5 公分間。莖短縮易自基部產生側芽，呈現叢生狀。白綠色或灰綠色的匙狀葉互生，形成緊密的蓮座狀葉序；葉面上有淺褐色斑，葉末端漸尖。台灣並不常見開花，花期夏季。

▲拍攝於 2016 年春季，因連續降雨後龍田鳳葉色變淺，葉形拉長，開始產生徒長。

◀龍田鳳對台灣氣候適應性佳，不難栽培。

中國景天屬

Sinocrassula indica
印地卡

別　　名	蓮花還陽、碎骨還陽、狗牙還陽、蛇舌蓮
繁　　殖	分株、葉插

分布自中國雲南、西藏、貴州、四川、湖南、湖北等地的中、高海拔地區；川東常見生長在海拔 450 ～ 1200 公尺處；川西則生長在 1200 ～ 2900 公尺處；雲南則分布在 1300 ～ 3300 公尺處。台灣花市以種名音譯印地卡。中國植物誌內登錄中文名為石蓮。就中國俗名可知本種可作為藥用植物，全草藥用，具有活血散瘀、提傷止痛、清熱消炎及治跌打損傷等。

▲長匙狀或倒卵形的葉，互生呈蓮座狀排列。

▌ 形態特徵

多年生肉質草本植物，莖短縮不明顯，株高 8 ～ 10 公分左右。植物由長匙狀葉或倒卵形葉互生於莖節上，葉序呈蓮座狀排列。紅色 5 瓣花，以圓錐狀或近繖房狀花序開放在莖頂末梢，夏、秋季之間開放。

▲中國俗名稱印地卡為石蓮，日照充足時葉色偏紅。

▲成株時易生側芽，如地被般呈叢生狀生長。

Sinocrassula yunnanensis
泗馬路

別　　名	滇石蓮
繁　　殖	葉插，亦可使用分株繁殖。

原產自中國四川、雲南一帶。中國植物誌內登錄中名為雲南石蓮；種名 Yunaenesis 以其產地雲南命名。台灣花市稱為泗馬路，已不可考據此中名緣由。台灣平地栽培多能越夏，高溫高濕環境易發生病害，夏季栽培時應限水栽培。本種常發生綴化現象，使栽培時饒富趣味。因繁殖容易，可於冬、春季生長時多備份小苗，增加越夏成功的機率。

▲ 栽培良好時易自基部長出側芽，形成叢生或綴化姿態。

▌形態特徵

　　為多年生小型的肉質草本植物。株高約 5 ～ 10 公分，株徑在 3.5 ～ 5 公分之間。常見呈緻密的叢生狀，莖短縮並不明顯。黑色或墨綠色的細棒狀葉片具明顯的尾尖，葉片微彎曲朝心部生長；葉片上著生細毛。花期集中在秋、冬季之間；白色小花呈 5 瓣星形，與波尼亞的花相似，但具有紅色萼片，緻密的花序會開放在植株的頂梢。

▲ 葉片上有細毛，光線充足及限水時，葉片近乎黑色。

▲ 泗馬路為小型多肉植物，由微彎的棒狀葉叢生而成。常有綴化現象發生。

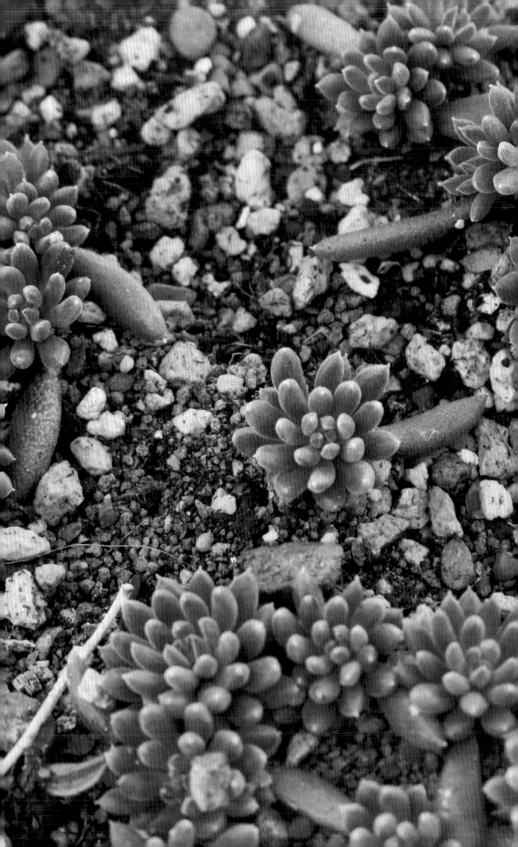

奇峰錦屬

Tylecodon

　　奇峰錦屬在 1970 年代歸納於銀波錦屬（cotyledon，或稱絨葉景天屬）中，1978 年澳洲 Helmut Toelken 博士重新分類，命名為 Tylecodon，中文屬名沿用日本分類的名稱。

外形特徵

本屬植物為多年生落葉肉質草本或灌木，生長高度最高可達 2.5 公尺，主要分布非洲地區，以納米比亞和南非最多。奇峰錦屬是根莖多肉型的多肉植物。以鑑賞其肥大根莖或奇特莖幹造型為主，成株後植株型態狀似多年生的老樹盆景一樣多有奇趣，在台灣花市並不常見，又因生長緩慢多半價格也不菲，流通的種類也不多。奇峰錦屬與其近緣的銀波錦屬最大區別在於夏季休眠時會落葉，葉片生長方式以輪生為主，且本屬植物下的品種多半為有毒植物，其成分與蟾蜍的毒性物質 bufadienolides 相近，為神經性及肌肉性的毒性物質，在原生地，當地居民及家畜常因不慎誤食而造成嚴重危害。

栽培管理

奇峰錦屬植物喜好溫暖炎熱的環境，栽培介質應以疏鬆透氣、排水性佳為原則，栽培環境選擇光線充足且乾燥通風為佳，並控制澆水，僅於生長季定期給水即能生長良好。

繁殖方式

本屬植物生性強健，但生長緩慢，繁殖以播種、扦插及分株均可，繁殖適期以冬、春季至春、夏季為宜。扦插時可選取直徑約 3 公分的強健枝條插穗，基部切口處使用硫磺粉或殺菌劑塗抹以防細菌感染。將插穗靜置 2～3 週後待基部切口乾燥收口或產生癒合組織後，再將枝條插至排水良好的介質中；根系再生至建立強壯根系的小苗需一年左右時間。

淺褐色的種子細小，果莢成熟至開裂需 4 個月以上時間，常見果莢成熟開裂時期為春末或夏初。但種子並不容易收集，可剪取帶有果莢的枝條，將果莢包覆於紙袋內，再將枝條插立在小盆的方式於室內收集種子。播種方式同其他景天科或多肉植物，因種子細小播種時不需覆土，介質以排水疏鬆為佳，但表層的介質顆粒要細（介質顆粒大小與種子大小接近為宜）。先將播種栽培的育苗盆備好後，充分浸潤再行播種。種子播下後以塑膠袋或透明保鮮盒悶養方式進行初期的育苗。播種後應放置光線明亮及通風涼爽處培養，期間若水分不足濕度降低，可取出育苗盆再充分浸濕或以細霧噴布等方式補充水分（冬季可一週給水一次；夏季則一個月給水一次）。補充水分後再置入悶養環境繼續培養，播種約需 2～3 年的養成，待株高達 2～3 公分後再進行移植或定植於小盆內。

經台灣資深多肉植物愛好者陳輝隆先生分享，購入三種奇峰錦屬種子各 100 粒，僅育成 5 株左右，小苗育成率不及 10%。極可能是奇峰錦屬多肉植物種子的新鮮度會影響到發芽率及小苗育成率。

阿房宮 *Tylecoden paniculatusm*
二年實生苗。本種原產自南非及非洲納米比亞地區。株高可達 1.5 公尺。（陳輝隆／攝）

銀沙錦 *Tylecodon pygmaea*
二年實生苗。本種分布自南非開普敦西部地區。株高約 20 公分左右，植株分枝狀具地下根莖。（陳輝隆／攝）

奇峰錦 *Tylecodon wallichii*
二年實生苗。分布於非洲納米比亞地區，常見分布於冬季降雨地區。成株約 50～100 公分之間。肥大的莖幹上，宿存大量短枝狀突起物。本種葉片具有毒性。（陳輝隆／攝）

Tylecodon pearsonii
白象

異　名	*Cotyledon pearsonii*
繁　殖	播種、扦插

中名沿用日本俗名而來。原產非洲納米比亞及開普敦西北部地區，常見生長在海拔200～300公尺的岩礫地環境。台灣並不常見，為景天科植物中鑑賞根莖型多肉植物品種之一。冬季生長，入夏後會部分落葉休眠，生長緩慢。

以種子播種的幼苗具有初生根系的下胚軸，成株後才具有可供觀賞的肥大根莖構造，但白象生長緩慢，育成樹型盆景姿態需長時間培育。

扦插繁殖的植株，再生的小苗根系多為鬚根，不具有初生根系的下胚軸構造，其肥大根莖造型多不明顯。

▲短莖上具鱗片狀葉痕，奇趣的根莖與肥厚的葉型相當奇特。

▍形態特徵

　　為莖幹型多肉植物，具粗壯短莖，株高約30～60公分，新生的短莖上有鱗片狀葉痕。灰綠色或灰藍色的棍棒狀葉略向生長點微彎曲，以輪生近叢生的方式著生在短莖上；葉無柄、中肋凹陷，具有黑色尾尖。花期春、夏季之間，花莖長由莖頂或莖頂側的葉腋間抽出，花色呈帶綠的淡黃色或淡橘紅色，略帶褐紅色暈；筒狀花5瓣，略向下開放。

▲棍棒葉微彎曲，具中肋及黑色尾尖，以輪生或近叢生方式著生在短莖上。

臍景天屬
Umbilicus

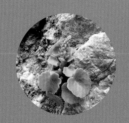

　　又名荷葉景天屬。屬名 *Umbilicus* 即為肚臍之意，形容其特殊盾狀葉，葉片中央向内凹陷，狀似肚臍眼的葉形。本屬下約有 9 種，廣泛分布於中東至歐洲地中海沿岸一帶。

　　常見生長在背陽或陰蔽的潮濕岩隙、牆角或樹幹縫隙上，與苔蘚植物混生。與花市常見的銅錢草極為相似，初見玉杯很難想像它是一種景天科多肉植物。玉杯或玉盃沿用日本俗名，統稱本屬下的品種。台灣花市不多，僅見 2 種。

　　原生地玉杯可為野蔬，以冬、春季時取其幼葉用做沙拉供鮮食及煮食；亦能做為治療火傷及其他民俗保健等用途。

外形特徵

　　為多年生肉質塊莖或塊根，莖短不明顯，盾狀葉互生或近輪生，葉序以蓮座狀排列生長於短莖上。春、夏季開花，開花時心葉縮小密集排列於心部。自心部抽出長穗狀花序，由白綠色或黃綠色的筒狀小花組成。

▲著生樹商陸上的玉杯，抽出花序，迎接花季的到來。（王茵芸／攝）

◀在牆隙間生長的玉杯充滿著生命力的驚喜。（王茵芸／攝）

▶於葡萄牙佩納宮廣場前的水溝蓋板間也有玉杯的蹤跡。（王茵芸／攝）

栽培管理

　　為冬季生長型多肉植物，喜好光線明亮處至半遮蔭或散射光處為宜；生長適溫在 15 ～ 22℃左右。當氣溫高達 25℃時會進入休眠。生長環境與常見的苔蘚類植物相近，可視居家環境較易生長青苔處栽植，多半能夠越夏；入夏後若環境適宜，下位葉黃花會掉落，心部葉片會縮小，待秋涼後再開始下一季的生長。

▲於芸香科果樹樹蔭下栽種玉杯的情形。直接使用泥土種植，並於土表撒布緩效肥。（王茵芸／攝）

▲玉杯的花為黃白色或白綠色的 5 瓣筒狀花。（王茵芸／攝）

繁殖方式

　　播種及分株繁殖。台灣地區建議秋播為主。於秋、冬季氣溫涼爽後，約11月左右前後播種，種子細小。將介質浸濕後撒播於介質表面，不需覆土。保濕近1～2個月後會開始發芽，發芽初期不能缺水，待小苗長出3片本葉後才能移植上盆。分株繁殖，於秋、冬季開始生長前為適期，可以直接分割地下塊莖的方式繁殖。

▲ *Umbilicus rupestris* 播種後近3～4個月的小苗。（陳輝隆／攝）

▲ *Umbilicus erectus* 不同品種間，於生長勢及外形仍有差異。（陳輝隆／攝）

Umbilicus erectus

英 文 名 | Reniform venus'navel

本種分布自義大利南部及巴爾幹南部地區。
以常用英名 Reniform- 為 Kidenyshped，可
能指本種成株後具有腎形葉的特徵，英名
可譯為腎葉維納斯肚臍。葉片質地較薄。
種名 erectus 拉丁文字意為 raise 及 erect，
有升起、挺起及直立的意思，形容本種長
葉柄生長於植叢上的姿態，葉片較呈立葉
狀叢生挺起的姿態。

▲與銅錢草相似，但卻是大不
同的植物。（陳輝隆／攝）

Umbilicus rupestris

英 文 名 | Pennywort, Navelwort

種名 rupestris 於拉丁文中的語意為 living
near rocks，說明本種植物喜好生長在岩石
縫隙。花期春、夏間，花序自心部抽出，株
高最高可達 30 公分左右。未開花時，植株
矮小，葉片會互生或近輪生於短縮莖上。盾
形的圓形葉具長柄；葉緣有鈍鋸齒狀。

▲成株後葉質地較厚實，葉緣會
向後反捲。（陳輝隆／攝）

中名索引

學名索引

學名索引

學名索引

學名索引

國家圖書館出版品預行編目 (CIP) 資料

多肉植物圖鑑 . II, 景天科 ／梁群健、徐嘉駿、洪
通瑩著 -- 初版 .-- 台中市：晨星 , 2017.06　面；
　公分 . -- (台灣自然圖鑑；37)
ISBN 978-986-443-255-4(平裝)

1. 仙人掌目 2. 植物圖鑑

435.48　　　　　　　　　106003588

台灣自然圖鑑 037

多肉植物圖鑑 II 景天科

作者	梁群健、徐嘉駿、洪通瑩
主編	徐惠雅
執行主編	許裕苗
選題企劃	許裕苗
版面設計	許裕偉

創辦人	陳銘民
發行所	晨星出版有限公司
	台中市 407 工業區三十路 1 號
	TEL：04-23595820　FAX：04-23550581
	E-mail:service@morningstar.com.tw
	http：//www.morningstar.com.tw
	行政院新聞局局版台業字第 2500 號
法律顧問	陳思成律師
初版	西元 2017 年 6 月 23 日
郵政劃撥	22326758（晨星出版有限公司）
讀者服務專線	04-23595819#230
印刷	上好印刷股份有限公司

定價 690 元
ISBN 978-986-443-255-4

Published by Morning Star Publishing Inc.
Printed in Taiwan